DIZHEN ZAIHAI
ZIJIU HUJIU FANGYI

地震灾害

自救 互救 防疫

人民出版社

出 版 前 言

公元 2008 年 5 月 12 日 14 时 28 分,历史将永远记住这一刻:我国四川省汶川县发生 7.8 级地震,这场地震强度之大,波及之广,造成损失之重,为几十年来所罕见。灾情火急,人命关天。党中央、国务院十分关心灾区人民群众生命财产安全,胡锦涛总书记立即作出重要指示,要求尽快抢救伤员,确保灾区人民群众生命安全。温家宝总理当即赶赴灾区,现场指挥抗震救灾工作,并指出在灾害面前,最重要的是镇定、信心、勇气和强有力的指挥。当晚,中共中央政治局常委会召开会议,全面部署抗震救灾工作。会议强调,灾情就是命令,时间就是生命。灾区各级党委、政府和中央各有关部门一定要紧急行动起来,把抗震救灾作为当前的首要任务,不怕困难,顽强奋战,全力抢救伤员,切实保障灾区人民群众生命安全,尽最大努力把地震灾害造成的损失减少到最低程度。随即,各有关部门及解放军子弟兵等急援灾区抗震救灾。各种救援力量正在灾区集结,各路救援人员正源源不断地向灾区进发。同时,广大受灾群众也正在奋力自救、勇渡难关。

灾害同样牵动着全国人民的心,从各个企事业单位到各种社会团体,直到每一个普通公民,都在以不同的方式行动起来,纷纷捐款捐物,网络上无数情真意切的祈愿帖子传递着同胞情感,手机中接连不断的慰问信息温暖着灾区人心。无论是捐赠物款,还是祈愿慰问,都表现出举国上下对灾区人民的爱心与真情。同时,海外华侨华人和国际社会也纷纷伸出援助之手。

多难兴邦,目前全国团结一致抗震救灾的形势,充分表明了党和政府全力以赴打赢抗震战役的坚定决心,也让人们看到了中华民族和衷共济、迎难而上的伟大精神力量。我们相信:在党中央、国务院的坚强领导下,全国人民大力发扬"一方有难、八方支援"的精神,万众一心、众志成城,迎难而上、百折不挠,就一定能够夺取抗震救灾斗争的最后胜利!

人民出版社作为国家公益性出版单位,为人民出好书是我们崇高的使命。抗震救灾是当前的首要任务,为抗震救灾做好服务工作是我们义不容辞的责任。为了帮助广大灾区群众掌握灾中灾后自救、互救、防疫知识和实用技巧,为了帮助广大其他地区的人们防患于未然,我们特策划编辑了本书,希望能够为当前众志成城的抗震救灾工作贡献一份绵薄之力。

本书在编辑过程中,主要参考了中国地震灾害防御中心主办的"中国地震科普网"的内容以及其他相关专家学者的论著,在此特向他们致以由衷的感谢。

编 者

目　录

第一部分　地震常识

一、为什么会发生地震

(一)地震的产生和类型

地震就是地球表层的快速振动,在古代又称为地动。它就像刮风、下雨、闪电、山崩、火山爆发一样,是地球上经常发生的一种自然现象。

引起地球表层振动的原因很多,根据地震的成因,可以把地震分为以下几种:

1. 构造地震

由于地下深处岩层错动、破裂所造成的地震称为构造地震。这类地震发生的次数最多,破坏力也最大,约占全世界地震的90%以上。

2. 火山地震

由于火山作用,如岩浆活动、气体爆炸等引起的地震称为火山地震。只有在火山活动区才可能发生火山地震,这类地震只占全世界地震的7%左右。

3. 塌陷地震

由于地下岩洞或矿井顶部塌陷而引起的地震称为塌陷地震。这类地震的规模比较小,次数也很少,即使有,也往往发生在溶洞密布的石灰岩地区或大规模地下开采的矿区。

4. 诱发地震

由于水库蓄水、油田注水等活动而引发的地震称为诱发地震。这类地震仅仅在某些特定的水库库区或油田地区发生。

5. 人工地震

地下核爆炸、炸药爆破等人为引起的地面振动称为人工地震。

(二)震源、震中和地震波

(1)震源:是地球内发生地震的地方。

(2)震源深度:震源垂直向上到地表的距离是震源深度。我们把地震发生在 60 千米以内的称为浅源地震;60—300 千米为中源地震;300 千米以上为深源地震。目前有记录的最深震源达 720 千米。

(3)震中:震源上方正对着的地面称为震中。震中及其附近的地方称为震中区,也称极震区。震中到地面上任一点的距离叫震中距离(简称震中距)。震中距在 100 千米以内的称为地方震;在 1000 千米以内的称为近震;大于 1000 千米的称为远震。

(4)地震波:地震时,在地球内部出现的弹性波叫做地震波。这就像把石子投入水中,水波会向四周一圈一圈地扩散一样。

地震波主要包含纵波和横波。振动方向与传播方向一致的波为纵波(P 波)。来自地下的纵波引起地面上下颠簸振动。振动方向与传播方向垂直的波为横波(S 波)。来自地下的横波能引起地面的水平晃动。横波是地震时造成建筑物破坏的主要原因。

由于纵波在地球内部传播速度大于横波,所以地震时,纵波总是先到达地表,而横波总落后一步。这样,发生较大的近震时,一般人们先感到上下颠簸,过数秒到十几秒后才感到有很强的水平晃动。这一点非常重要,因为纵波给我们一个警告,告诉我们造成建筑物破坏的横波马上要到了,快点作出防备。

1976 年唐山大地震时,一位住在楼房里的干部突然被地震惊醒。由于这位干部平时懂点地震知识,所以当他感到地震颠簸时,

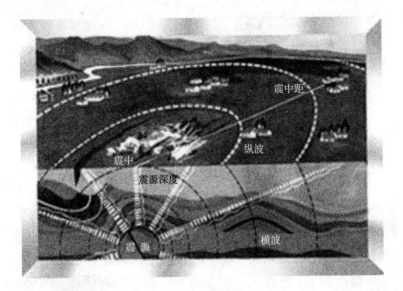

迅速钻到桌子底下,五六秒钟后,房顶塌落。直到中午,他被救出后,深深感到要不是自己果断钻到桌子底下,早就没命了。他说是地震知识救了他的命。

（三）衡量地震大小的尺子

地球上的地震有强有弱。用来衡量地震强度大小的尺子有两把:一把叫地震震级;另一把叫地震烈度。举个例子来说,地震震级好像不同瓦数的电灯泡,瓦数越高,亮度越大。烈度好像屋子里受光亮的程度,对同一盏电灯来说,距离电灯越近,光度越大,离电灯越远,光度越小。

地震震级是衡量地震大小的一种度量。每一次地震只有一个震级。它是根据地震时释放能量的多少来划分的,震级可以通过地震仪器的记录计算出来,震级越高,释放的能量也越多。我国使用的震级标准是国际通用震级标准,叫"里氏震级"。

各国和各地区的地震分级标准不尽相同。

一般将小于 1 级的地震称为超微震；大于、等于 1 级，小于 3 级的称为弱震或微震；大于、等于 3 级，小于 4.5 级的称为有感地震；大于、等于 4.5 级，小于 6 级的称为中强震；大于、等于 6 级，小于 7 级的称为强震；大于、等于 7 级的称为大地震，其中 8 级以及 8 级以上的称为特大地震。

迄今为止，世界上记录到最大的地震为 8.9 级，是 1960 年发生在南美洲的智利地震。

地震烈度：地震烈度是指地面及房屋等建筑物受地震破坏的程度。对同一个地震，不同的地区，烈度大小是不一样的。距离震源近，破坏就大，烈度就高；距离震源远，破坏就小，烈度就低。

小于三度：人无感受，只有仪器能记录到；

三度：夜深人静时人有感觉；

四至五度：睡觉的人惊醒，吊灯摆动；

六度：器皿倾倒、房屋轻微损坏；

七至八度：房屋破坏，地面裂缝；

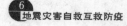
地震灾害自救互救防疫

九至十度:房倒屋塌,地面破坏严重;

十至十二度:毁灭性的破坏。

震级与烈度对应关系(参考)

震级	2	3	4	5	6	7	8	>8
震中烈度	1—2	3	4—5	6—7	7—8	9—10	11	12

(四)地震的分类

1. 按成因分类

（1）天然地震（构造地震、火山地震、塌陷地震）是自然界发生的地震；

（2）诱发地震（矿山冒顶、水库蓄水等）是人为因素引起的地震；

（3）人工地震（爆破、核爆炸、物体坠落等）是人类的工程活动而引起的地震。

2. 按震源深度不同分类

（1）浅源地震　　　　震源深度小于 60 千米

（2）中源地震　　　　震源深度为 60—300 千米

（3）深源地震　　　　震源深度大于 300 千米

地球上 75% 以上的地震是浅源地震。其中震源深度多为 5—20 千米。

3. 按震级大小不同分类

（1）微震　　　　　　1 级≤震级 <3 级

（2）小［地］震　　　3 级≤震级 <4.5 级

（3）中［地］震　　　4.5 级≤震级 <6 级

（4）强［地］震　　　6 级≤震级 <7 级

（5）大［地］震　　　震级≥7 级

（6）特大地震　　　　震级≥8 级

（7）有感地震　　　　震中附近的人能够感觉到

（8）破坏性地震　　　造成人员伤亡和经济损失

（9）严重破坏性地震　造成严重的人员伤亡和财产损失，使灾区丧失或部分丧失自我恢复能力

4. 按震中距大小不同分类

（1）地方震　　　　　震中距小于 100 千米

（2）近震　　　　　　震中距 100—1000 千米

(3)远震 　　　　　震中距1000千米以上

（五）描述地震的有关概念

1. 描述地震空间位置的有关概念

（1）震源:指地球内部发生地震的地方(实际上为一区域);

（2）震源深度:将震源视为一点,此点到地面的垂直距离,称为震源深度;

（3）震中:震源在地面上的投影点(实际上也是一区域),称为震中区;

（4）极震区:地面上受破坏最严重的地区,称为宏观震中;

（5）震中距:从震中到地面上任何一点,沿地球表面所量得的距离。

2. 描述地震大小的有关概念

（1）地震烈度:地震时地面受到的影响或破坏程度;

（2）震中烈度:震中区的烈度;

（3）等震线:地面上相同烈度点的连接线;

（4）地震震级:根据地震仪测得的地震波振幅,来表示地震释放能量大小的一种量度。有两种标度形式:体波震级(里氏震级)和面波震级。

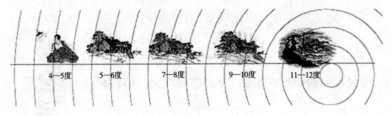

| 4—5度 | 5—6度 | 7—8度 | 9—10度 | 11—12度 |

3. 描述地震的基本参数

发震时刻、震中位置、震级、震源深度。其中时间、地点、震级也为表述一次地震的三要素。

4. 地震序列

任何一个大地震发生,通常都有一系列地震相伴随发生,即为地震系列:

(1)主震:地震系列中最大的一次地震(一般释放的能量占全系列的90%以上);

(2)前震:主震前的一系列小地震;

(3)余震:主震后的一系列地震;

(4)主震型:有突出主震的地震序列;

(5)震群型:没有突出的主震,主要能量通过多次震级相近的地震释放出来;

(6)孤立型:只有极少前震或余震,地震能量基本上通过主震一次释放出来。

5. 地震弹性波

地下岩层断裂错位伴随产生大量的能量释放,造成周围弹性介质的强烈振动,这种振动以波的方式向外传播,即为地震弹性波。

地震弹性波有两种:纵波(P波)和横波(S波)。

纵波:是振动方向和波的传播方向一致的波。在地壳中传播速度快,到达地面时人感觉颠簸,物体上下跳动。

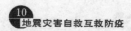

纵 波　　　　波的传播方向

质点振动方向

横波:是振动方向和波的传播方向垂直的波。在地壳中横波传播的速度较慢,到达地面时人感觉摇晃,物体为摆动。

横 波

波的传播方向

质点振动方向

面波:纵波、横波传到地面后,沿着地面传播成为面波(L波)。其特点与横波近似,但速度更慢。

二、地震活动的特征

（一）中国是个多地震的国家

中国位于世界两大地震带——环太平洋地震带与欧亚地震带的交汇部位,受太平洋板块、印度板块和菲律宾海板块的挤压,地震断裂带十分发育。大地构造位置决定了我国地震频繁,震灾严重。在20世纪里,全球共发生3次8.5级以上的强烈地震,其中两次发生在我国;全球发生两次导致20万人死亡的强烈地震也都发生在我国,一次是1920年宁夏海原地震,造成23万多人死亡;一次是1976年河北唐山地震,造成24万多人死亡。这两次地震死亡人数之多,在全世界也是绝无仅有的。

20世纪以来,中国共发生6级以上地震近800次,遍布除贵州、浙江两省和香港、澳门特别行政区以外所有的省、自治区、直辖市。

中国地震活动频度高、强度大、震源浅、分布广,是一个震灾严重的国家。1900年以来,中国死于地震的人数达55万之多,占全球地震死亡人数的53%;1949年以来,100多次破坏性地震袭击了22个省(自治区、直辖市),其中涉及东部地区14个省份,造成27万余人丧生,占全国各类灾害死亡人数的54%,地震成灾面积达30多万平方公里,房屋倒塌达700万间。地震及其他自然灾害的严重性构成中国的基本国情之一。

统计数字表明,中国的陆地面积占全球陆地面积的1/15,即6%左右;中国的人口占全球人口的1/5左右,然而中国的陆地地震竟占全球陆地地震的 1/3,而造成地震死亡的人数竟达到全球的 1/2 以上。当然这也有特殊原因,一是中国的人口密、人口多;二是中国的经济落后,房屋不坚固,容易倒塌,容易坏;三是与中国的地震活动强烈频繁有密切关系。

据统计,20 世纪以来,中国因地震造成死亡的人数,占国内所有自然灾害包括洪水、山火、泥石流、滑坡等总人数的 54%,超过 1/2。从人员的死亡来看,地震是群害之首;而在经济上所造成的损失,最大的主要是气象灾害(洪涝),气象灾害所造成的经济损失要比地震大得多。

(二)中国的强震活动

我国的地震活动十分广泛,除浙江、贵州两省外,其他各省(直辖市、自治区)都有 6 级以上强震发生,其中 18 个省(直辖市、自治区)均发生过 7 级以上大震,约占全国省(直辖市、自治区)数的 60%。台湾地区是我国地震活动最频繁的地区,1900—1988 年全国 548 次 6 级以上地震中,台湾地区为 211 次,占 38.5%。我国大陆地区的地震活动主要分布在青藏高原、新疆及华北地区,而东北、华东、华南等地区分布较少。我国绝大部分地区的地震是浅源地震,东部地震的震源深度一般在 30 千米之内,西部地区则在 50—60 千米之内;而中源地震则分布在靠近新疆的帕米尔地区(100—160 千米)和台湾附近(最深为 120 千米);深源地震很少,只发生在吉林、黑龙江东部的边境地区。自 1949 年 10 月 1 日新中国成立以来,全国共发生 8 级以上的地震 3 次;中国大陆地区共发生 7 级以上地震 35 次,平均每年发生约 0.7 次;6 级以上的地震 194 次,平均每年发生近 4 次。与近 100 年的活动水平(≥7 级的年均值为 0.66 次,≥6 级的年均值为 3.6 次)相比较,建国后的强震活动水平高于前50年的活动水平。

另外,强震分布显示了西多东少的突出差异。我国大陆地区,绝大多数强震主要分布在东经107度以西的我国西部广大地区,而东部地区则很少。据统计,1949—1981年间发生的27次7级以上地震中,西部约为20次,占74%,东部只有7次,占26%;而6级地震,东部占的比例则更小。在1895—1985年间,我国大陆地区发生的全部7级以上地震中,西部占87%,其应变释放能量占90.8%。

强震活动继承了我国地震活动长期以来分布广且不均匀的特点。我国的地震活动具有分布广的特点,6级以上地震几乎遍布全国。然而,地震活动的分布是不均匀的,其活动水平也有较大差异。据统计分析,在全国各省(直辖市、自治区)中,活动水平最高的仍是台湾地区,7级以上地震发生率占全国总数的40%以上,6级以上地震发生率占全国总数的53%以上;在其他各省(直辖市、自治区)中,发生6级以上地震次数大于5次的还有西藏、新疆、云南、四川、青海、河北等,以上7个省(自治区)集中了新中国成立以来发生的绝大多数强震,其中6级以上地震占90%以上,7级以上超过87%。以上情况充分说明,新中国成立后我国地震活动虽然分布较广,但是呈现明显的西多东少、分布极不均匀的特点。这种分布的特征为地震工作布局和确定监视预报及预防工作的重点地区提供了重要事实依据。

(三)地震活动的强度与频次特征

地震活动的特点之一是大地震的数目少,小地震的数目多。它们之间遵从一定的指数关系。目前,用地震仪可以测出的地震,估计每年约500万次,其中5万次为有感地震,成灾的约1000次。

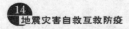

大地震释放的能量非常巨大。一个8.5级地震释放出来的能量相当于一个100万千瓦发电厂10年间发电量的总和。但每次地震释放的能量也是有上限的。

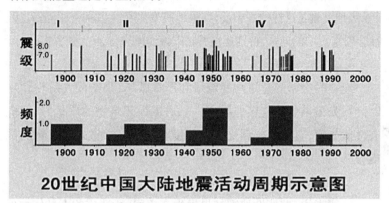

20世纪中国大陆地震活动周期示意图

（四）影响地震灾害大小的因素

不同地区发生的震级大小相同的地震,所造成的破坏程度和灾害大小是很不一样的,这主要受以下因素的影响:

1. 地震震级和震源深度

震级越大,释放的能量也越大,可能造成的灾害当然也越大。在震级相同的情况下,震源深度越浅,震中烈度越高,破坏也就越重。一些震源深度特别浅的地震,即使震级不太大,也可能造成"出乎意料"的破坏。

2. 场地条件

场地条件主要包括土质、地形、地下水位和是否有断裂带通过等。一般来说,土质松软、覆盖土层厚、地下水位高,地形起伏大、有断裂带通过,都可能使地震灾害加重。所以,在进行工程建设时,应当尽量避开那些不利地段,选择有利地段。

3. 人口密度和经济发展程度

地震,如果发生在没有人烟的高山、沙漠或者海底,即使震级再大,也不会造成伤亡或损失。1997 年 11 月 8 日发生在西藏北部的7.5 级地震就是这样的。相反,如果地震发生在人口稠密、经济发达、社会财富集中的地区,特别是在大城市,就可能造成巨大的灾害。

4. 建筑物的质量

地震时房屋等建筑物的倒塌和严重破坏,是造成人员伤亡和财产损失最重要的直接原因之一。房屋等建筑物的质量好坏、抗震性能如何,直接影响到受灾的程度,因此,必须做好建筑物的抗震设防。

5. 地震发生的时间

一般来说,破坏性地震如果发生在夜间,所造成的人员伤亡可能比白天更大,平均可达 3 至 5 倍。唐山地震伤亡惨重的原因之一正是由于地震发生在深夜 3 点 42 分,绝大多数人还在室内熟睡。如果那次地震发生在白天,伤亡人数肯定要少得多。有不少人以为,大地震往往发生在夜间,其实这是一种错觉。统计资料表明,破坏性地震发生在白天和晚上的可能性是差不多的,二者并没有显著的差别。

6. 对地震的防御状况

破坏性地震发生之前,人们对地震有没有防御,防御工作做得好与坏将会大大影响到经济损失的大小和人员伤亡的多少。防御工作做得好,就可以有效地减轻地震的灾害损失。

(五)地震前的异常活动

1. 喷出地面的井水

大地震之前,震区范围的地下含水岩石在构造运动的过程中,受到强烈的挤压或拉伸,引起地下水的重新分布,出现水位的升降和各种物理性质和化学变化,使水变味、变色、浑浊、浮油花、出气泡等。由于地下水与河流之间存在互相补给的关系,震前地下水的变化,也会引起河水流量的变化。震前地下水发生的异常变化,是一种很重要的地震前兆现象,是目前预测预报地震的重要手段之一。

2. 动物的异常反应

当人们在总结地震经验时,常常会提到震前动物异常现象,可惜的是在震前很少有人注意。1902 年 5 月 8 日,意大利提尼克岛火山爆发,有 3 万多人死于非命。在清理废墟时,只见到一只猫的尸体。原来这些猫早已逃走了,不仅如此,在火山爆发前一个月,城郊树林里已听不到鸟叫。5 月 3 日,一位中学教师在日记中写道:"狗吠,母牛在路上急促地奔跑。"如果人们在事前早有警觉,这次灾情便会大大降低。

据统计,目前已发现地震前有一定反常表现的动物有 130 多种,其中反应普遍且比较确切的约有 20 多种,常见的有:

大牲畜,如马、驴、骡、牛等;

家畜,如狗、猫、猪、羊、兔等;

家禽,如鸡、鸭、鹅、鸽子等;

穴居动物,如鼠、蛇、黄

鼠狼等；

水生动物，如鱼类等；

会飞的昆虫，如蜜蜂、蜻蜓等。

这些动物的反常表现大体有三类：

（1）兴奋型异常，如惊恐不安、不进圈、狂吠、如癫如狂、仓皇逃窜，惊飞、群迁等。

（2）抑制型异常，如行动变得迟缓，或发呆发痴、不知所措，或不肯进食等。

（3）生活习性变化，如冬眠的蛇出洞，老鼠白天活动不怕人，大批青蛙上岸活动等。

应该说明的是，动物异常的原因很复杂，很多时候与地震之间没有任何关系，所以在观察宏观变化时，一定要注意识别真伪，并及时向地震部门报告。

3. 电磁场异常

地震能引起电磁场的变化。一般认为磁场变化的原因有两个,一是地震前岩石在地应力作用下出现"压磁效应",从而引起地磁场局部变化;二是地应力使岩石被压缩或拉伸,引起电阻率变化,使电磁场有相应的局部变化。岩石温度的改变也能使岩石电磁性质改变。唐山地震前两天,距唐山 200 多公里的延庆县测雨雷达站和空军雷达站,都连续收到来自京、津、唐上空的一种奇异的电磁波。

类似的事件,在我们国家曾多次出现。1970 年 1 月 5 日,在云南通海发生 7.8 级大地震。震前,震中区有些人在收听中央人民广播电台的广播,忽然发现收音机音量减小,声音嘈杂不清,特别是在震前几分钟,播音干脆中断。再如,1973 年 2 月 6 日四川炉霍 7.9 级地震之前,县广播站的人发现,在震前 5—30 分钟,收音机杂音很大,无法调试,接着发生了大地震。因此,观测电磁场的变化也成为预报地震的主要手段之一。

4. 大地形变

我们已知道,地下断层的活动是大多数地震发生的直接原因,大地形变测量能够监视断层的活动,配合其他方法,如地声可监视断层微破裂等等,就有可能准确地判定断层活动的状态,沿着这个思路,大地形变测量能为地震综合预报提供极其有用的判断依据。

从多年来的大地测量结果中发现,我国几次较大的地震:如1966 年邢台地震、1969 年渤海地震、广东阳江地震、1970 年云南通海地震、玉溪地震等等,震前都有大地形变活动。

美国地震学家沿着圣安德烈斯大断层共布设了 80 多个观测点。由于这条断层的活动,使得加利福尼亚州西海岸成为世界上地震最频繁的地区之一。圣安德烈斯大断层的突出特点在于水平方向错动。如 1906 年地震时,一次断层两侧错动了 6.4 米,按地质方法推算,从侏罗纪到现在,该断层水平位移量已达 500 公里。

目前据卫星测定,该断层有的地段水平剪切相对速率可达每年5厘米。

日本在几次大震之前,也发觉了异常变化。如1964年日本新潟地震之前9小时左右,发觉了应变异常。当时在距主震震中70公里远的20架垂直向应变仪(垂直伸缩仪,放在40米深的井内)中,有15架记录到地面发生0.3—0.4毫米的垂直膨胀。

5. 大气异常

地震前,尤其是大震前,往往会出现多种反常的大气物理现象,如怪风、暴雨、大雪、大旱、大涝、骤然增温或酷热蒸腾等。与此相应的温度、气压、湿度的变化,会使人体感到不适。

1503年1月9日,江苏松江地震,有震前“有风如火”的记载。

1668年9月2日,山东莒县地震,有震前“酷暑方挥汗”、“日色正赤如血”的记载。

1920年12月16日,宁夏海原地震,有“未震之前数日,四面天边,变黄如火焰,晴空干燥,人均感觉焦灼干燥”的记载。

1925年3月16日,云南大理地震,震前“久旱不雨,晚不生寒,朝不见露”。

1975年2月4日,辽宁海城7.3级大地震之前,虽已是严冬季节,天气却特别暖和,有时能听到雷声;个别阴坡没有冻土,长青草,有的地方还发现蝴蝶和昆虫。1月31日出现高温低压,从2月2日起气温连续上升,气压急剧下降,到2月4日,日平均气温出现顶峰,比常年高8摄氏度。另外,2月3日上午3时至10时,震区气温突然上升,形成一个以海城为中心的急剧升温区,两个小时内海城增温12摄氏度,而离海城较远的大连市仅增温2摄氏度。

　　大震前的各种大气异常现象,近年来有很多报道,可以说,临震大气物理现象都不是孤立的,但由于地震前兆现象和气象本身的自然现象容易混淆,还必须进一步加强研究。

三、地震预报以及正确面对地震谣传

（一）地震预报是世界性科技难题之一

地震预报是地球科学中的一门前沿学科，也是当今世界上的科学难题之一。地震预报的艰巨性主要表现在两个方面。

1. 震源情况无法直接探测

世界上大多数地震是浅源地震，多发生在距地面15千米左右的地壳中。在现代科学发展的今天，虽然借助于天文望远镜，人类的目光已经达到数百亿光年之外的遥远天体，但对于地壳，就是应用最先进的技术和设备，花费巨额的资金和力量，目前最大钻探深度也仅12千米。因此，人们无法直接探测震源情况，只能通过在地壳表层布设测震、地壳形变、地下水位、水化学、地磁、地电、重力、地应力、动物宏观等观测手段，间接探测地壳深处的变化情况。

2. 地震预报实践机会少

具有破坏性的7级以上的地震，虽然全球每年平均发生十多次，但大部分发生在海沟或人烟稀少的地区，而在有稠密观测台网的地区却发生得比较少。大陆地区强烈地震在同一区域重复发生的周期往往在百年或千年以上。因此，人们从事地震预报的实践机会较少。

（二）我国地震预报的水平

我国目前的地震预报水平的状况，大体可以这样概括：

我们对地震孕育发生的原理、规律有所认识，但还没有完全认识;我们能够对某些类型的地震作出一定程度的预报,但还不能预报所有的地震,我们作出的较大时间尺度的中长期预报已有一定的可信度,但短临预报的成功率还相对较低。

我国的地震预报,由于国家的重视和其明确的任务性,经过一代人的努力,已居于世界先进行列。在第四个地震活跃期内,曾成功地对海城等几次大震做过短临预报,因此经联合国教科文组织评审,作为唯一对地震作出过成功短临预报的国家,被载入史册。

但是从世界范围说,地震预报仍处于探索阶段,尚未完全掌握地震孕育发展的规律,我们的预报主要是根据多年积累的观测资料和震例,进行经验性预报。因此,不可避免地带有很大的局限性。为此,《中华人民共和国防震减灾法》第十六条规定,国家对地震预报实行统一发布制度。

地震短期预报和临震预报,由省、自治区、直辖市人民政府按照国务院规定的程序发布。

任何单位或者从事地震工作的专业人员关于短期地震预测或者临震预测的意见,应当报国务院地震行政主管部门或者县级以上地方人民政府负责管理地震工作的部门或者机构按照前款规定处理,不得擅自向社会扩散。

在我国,地震预报的发布权在政府。属于地震系统的任何一级行政单位、研究单位、观测台站、科学家和任何个人,都无权发布有关地震预报的消息。

(三)地震预报的程序

从世界范围来说,地震预测目前正处于科学探索阶段,还很不成熟。而向社会发布地震预报的社会政治经济影响很大,因此国家对预报权限作了严格规定。

要牢牢记住最基本的一条：只有市、县级以上人民政府才有发布地震预报的权力，任何单位或个人，包括地震部门的研究单位或工作人员，都不允许向社会透露、散布有关地震预测的消息。

地震预报管理、发布的程序

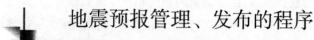

地震预测意见的提出：地震预测意见、地震异常现象（任何单位、个人）

地震预报意见的形成：所在地县级以上政府管理地震工作的机构（组织召开会商会）形成地震预报意见；国务院、省地震机构组织召开地震震情会商会，形成地震预报意见

地震预报意见的评审（内容：科学性、可行性、发布形式、可能产生的社会、经济影响）
国家评审：全国会商会形成的地震预报意见；省级形成的可能发生严重破坏性地震的预报意见
省级评审：①全省地震震情会商会形成的地震预报意见（对可能发生严重破坏性地震的地震预报意见，要先上报评审后再报本级政府）；②市、县形成的地震预报意见（在紧急情况下可以不经评审，直接报本级政府，并报国务院地震工作主管部门）

地震预报的发布：国务院：全国性的地震长期预报和中期预报；省政府：省内的地震长期预报，地震中期预报，地震短期预报和临震预报；市、县政府：在紧急情况下发布48小时内的临震预报，同时上报省政府及其地震工作机构、国务院地震工作主管部门

地震预测是科学家行为，通过对资料的分析判断和理论研究，允许科学家对地震预测提出不同见解，允许有不同意见的争论，但这属于地震科学的研究探讨。地震预报是政府行为，建立在科学家地震预测的建议基础上，并综合考虑社会政治经济影响，由政府正式发布，具有很强的社会约束性。

（四）正确面对地震谣传

您如果听到有将要发生地震的消息，只要不是政府正式公布的，您千万不要相信，更不要传播和扩散。不管他是打着科学家还是研究部门的旗号。尤其是传说的地震发生的地点、时间和震级愈精确，其可靠程度就愈低，就愈加不可信。

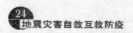

(五)地震灾害分类

地震灾害是地震作用于人类社会形成的灾难事件。地震成灾的程度既取决于地震本身的大小，还与震区场地、各类工程结构、经济社会发展和人口等条件有很大关系。发生在无人区的大地震，一般不会造成灾害；而发生在经济发达、人口稠密地区的一次中等地震却可能造成极为严重的灾害。一般可将地震灾害分为原生灾害、次生灾害和诱发灾害。

1. 原生灾害

由于地震的作用而直接产生的地表破坏、各类工程结构类的破坏，及由此而引发的人员伤亡与经济损失，称为原生灾害。

2. 次生灾害

由于工程结构物的破坏而随之造成的诸如地震火灾、水灾、毒气泄漏与扩散、爆炸、放射性污染、海啸、滑坡、泥石流等灾害，称为次生灾害。

原生灾害

3. 诱发灾害

由地震灾害引起的各种社会性灾害，如瘟疫、饥荒、社会动乱、人的心理创伤等，称为诱发灾害。

由地震引发的海啸扫过印度尼西亚弗落勒斯岛（1992 年 12 月 12 日）

四、大震预警

（一）抓住震前十几秒钟

大震的预警现象、预警时间和避震空间的存在,是人们震时能够自救求生的客观基础,只要掌握一定的避震知识,事先有一定准备,震时又能抓住预警时机,选择正确的避震方式和避震空间,就有生存的希望。

据对唐山地震中 874 位幸存者的调查,其中有 258 人采取了应急避震措施,188 人安全脱险,成功者约占采取避震行动者的 72%。

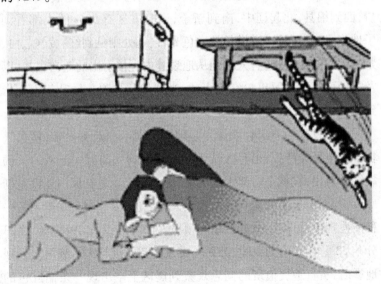

专家认为，大多数地震是有感或轻度破坏地震，所以遇震时一定要镇静，并就地躲避（主要指楼房内人员）。

（二）蓝光闪过之后

1966 年苏联塔什干发生地震，一位工程师"听到左方传来发动机隆隆的响声，同时闪现出耀眼的白光，晃得睁不开眼，持续了四五秒钟，接着地震来了，差点把他摔倒在地上。地震过后，光也就暗下来了。"

地震伴有发光现象并非偶然。在我国近年就至少有二三十次地震伴有地光。地光的颜色很多，有红、黄、蓝、白、紫等。地光的形状不一，有的呈片状或球状，也有是电火花似的。地光的出现时间一般很短，往往一闪而过，所以不易观测。

1975 年 2 月 4 日我国海城、营口发生了 7.3 级地震，东自岫岩，西到绵县，北起辽中，南到新金，当时震区有 90% 的人都看到了地光，近处可见一道道长的白色光带，远处则见到红、黄、蓝、白、紫的闪光。此外，还有人看到从地裂缝内直接射出的蓝白色光，以及从地面喷口中冒出粉红色火球，光球像信号弹一样升起十几米到几十米后消失。

地光发生的原因有人认为是地震前地电和地磁异常，使大气粒子放电发光所致；也有人认为是放射性物质的射气流从地下的裂缝中射出，在低空引起大气电离，因而发光。尽管原因还没有彻底弄清楚，但由于地光有时出现在大震之前，因此它是临震前的一种前兆现象，可以用来进行临震预报。1976 年 5 月 29 日 20 时 23 分和 22 时在云南的龙陵、潞西一带发生 7.5 级与 7.6 级两次强烈地震时，负责地震值班的同志观察到震区上空出现一条橘红色的光带，便当机立断，拉响了警报器，疏散人员，避免了重大伤亡。

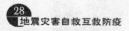

　　1976 年 7 月 28 日 3 点 42 分河北的唐山、丰南一带发生 7.8 级大地震,从北京开往大连的 129 次直达快车,满载着 1400 多名旅客于 3 点 41 分正经过地震中心唐山市附近的古冶车站,这时司机发现前方夜空像雷电似地闪现出三道耀眼的光束,他果断沉着地使用了非常制动闸,进行了紧急刹车,紧接着大地震发生了,列车却稳稳地停驶下来,避免了脱轨和翻车的危险,保证了列车和广大旅客的安全。

　　地光是地震前大自然向我们发出的警报。虽然时间很短,瞬时即逝,但当观察到这种地震前兆后,应该利用这个短短的时间,争分夺秒,立即采取防避措施,减免生命财产的伤亡损失。

(三)大自然的警报

　　在地震前数分钟、数小时或数天,往往有声响自地下深处传来,人们习惯称之为“地声”。

　　据调查,距 1976 年唐山 7.8 级地震震中 100 千米范围内,在临震前尚未入睡的居民中,有 95% 的人听到了震前的地声。震前地声最早出现在 7 月 27 日 23 时左右,这些早期听到的地声比较低沉。如在河北遵化县、卢龙县,很多人在 27 日晚 23 时听到远处传来连绵不断的“隆隆”声,声色沉闷,忽高忽低,延续了一个多小时。在京津之间的安次、武清等县听到的地声,就像大型履带式拖拉机接连不断地从远处驶过。在剧烈的地动到来前半个小时到几分钟内，震区群众听到了不同类型的地声。据后来人们回忆，有的听来犹如列车从地下奔驰而来，有的如狂风啸过，伴随飞沙走石、夹风带雨的混杂声，有的似采石放连珠炮般声响，在头顶上空炸开，或如巨石从高处滚落。这奇怪的声响和平日城市噪声全然不同。

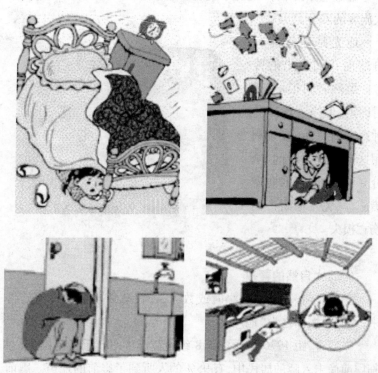

　　地声一般出现在震前几分钟、几小时、几天或几十天内。实际上临震前几分钟内出现者居多。所以地声确是一种临震的信号。有的震区就是因为重视奇怪的地声现象，使人们躲过了灾难。

　　1830 年 6 月 12 日河北磁县发生 7.5 级大地震，震前人们听到地声如"雷吼",若"千军涌溃,万马奔腾",于是"争先恐后,扶老携幼,走避空旷之区",紧接着发生了"屋宇倾颓,砖瓦雨下"的地震灾害。

1855年12月11日辽宁金县发生5—6级地震,当地人民"未震之时,先闻声如雷",于是"早已预防",从住房里躲避出来,所以"未经压毙多人,只伤男妇子女共七名",大大减轻了伤亡和损失。

根据地声的特点,能大致判断地震的大小和震中的方向。一般说,如果声音越大,声调越沉闷,那么地震也越大;反之,地震就较小。当听到地声时,大地震可能很快就要发生了,所以可把地声看做警报,应该立即离开房屋,采取紧急防御措施,避免和减少伤亡损失。

(四)避震要点

震时是跑还是躲,我国多数专家认为:震时就近躲避,震后迅速撤离到安全地方,是应急避震较好的办法。避震应选择室内结实、能掩护身体的物体下(旁)、易于形成三角空间的地方,开间小、有支撑的地方,室外开阔、安全的地方。

身体应采取的姿势:

- 伏而待定,蹲下或坐下,尽量蜷曲身体,降低身体重心。
- 抓住桌腿等牢固的物体。
- 保护头颈、眼睛、掩住口鼻。
- 避开人流,不要乱挤乱拥,不要随便点灯火,因为空气中有易燃易爆气体。

(五)大震预警现象

专家认为:大多数地震是有感或轻度破坏地震,所以遇震时一定要镇静,并就地躲避。

大震的预警现象、预警时间和避震空间的存在,是人们震时能够自救求生的客观基础,只要掌握一定的避震知识,事先有一定准备,震时又能抓住预警时机,选择正确的避震方式和避震空间,就有生存的希望。它主要有地声、地光和地颤动等。

当人们感受到地震,到房屋倒塌破坏大约十几秒钟。其中包括地震波由弱变强和房屋由震到塌的时间。对于居住在楼房内的居民应在室内择地躲藏,居住在平房等简易处所的居民,可以根据情况决定就地躲避还是离开。

一次大震的持续震动时间很短,而且由于剧烈的地面颠簸使人站立不稳,此时最好就近寻个安全角落,如床下、桌下和小开间房屋,伏在地上,注意保护头部和脊柱,等待震动过去再迅速撤离到安全地方。躲避时应注意远离大镜子、玻璃窗及易掉落的悬挂物。

第二部分　面对地震

一、地震来了怎么办

(一)地震来了怎么办

"卒然闻变,不可疾出,伏而待定,纵有覆巢,可冀完卵。"这是1556 年华县大地震后一个叫秦可大的文人在《地震记》中总结的经验。他是说,当面临一次大地震时,人们往往来不及躲避,最好就近寻个安全角落(如柜或土炕的一侧),伏在地上,注意保护头部和脊柱,等待震动过去再迅速撤离到安全地方。简单说,就是伏而待定。古人这个方法很有效,唐山大地震时也得到了验证。

就是到了现代,如果您住在高层,来不及下楼,为减少室内悬挂物砸伤或碰伤,采取这种保持镇定就近避险的方法,仍不失为一种应急之策。

1. 避震要点

● 选择小开间、坚固家具旁就地躲藏。

● 伏而待定,蹲下或坐下,尽量蜷曲身体,降低身体重心。

● 抓住桌腿等牢固的物体。

● 保护头颈、眼睛,掩住口鼻。

● 避开人流,不要乱挤乱拥,不要随便点明火,因为空气中可能有易燃易爆气体。

2. 在户外怎样避震

● 就地选择开阔地蹲下或趴下,不要乱跑,不要随便返回室内,避开人多的地方。

● 要避开高大建筑物,如楼房、高大烟囱、水塔下,避开立交桥等一类结构复杂的建筑物。

● 避开高耸的危险物或悬挂物,如变压器、电线杆、路灯、广告牌、吊车等。

● 避开危险场所,如狭窄街道、危旧房屋、危墙、高门脸等。

开阔地上,要避开人流,尽量蹲下或趴下。

3. 在家庭怎样避震

在楼内,应选择小开间、坚固家具旁就地躲藏;在平房,根据具体情况或选择小开间、坚固家具旁就地躲藏,或者跑出室外空旷地带。

地震后房屋倒塌有时会在室内形成三角空间,这些地方是人们得以幸存的相对安全地点,可称其为避震空间,它包括炕沿下、坚固家具下、内墙墙根、墙角、厨房、厕所、储藏室等开间小的地方。因此,当地震发生时,如果在室里要注意利用它们。

室内避震要注意:

● 保持镇定并迅速关闭电源、燃气,随手抓一个枕头或坐垫护住头部在安全角落躲避。

● 躲避时不要靠近窗边或阳台!

● 千万不要跳楼!

4. 在复杂高大的建筑物旁怎样避震

● 不要停留在过街天桥、立交桥的上面和下方。注意躲开广告牌、街灯、物料堆放处。

● 要躲开建筑物,特别是有玻璃幕墙的高大建筑。

不要向教室外面跑,应该先用书包护住头部躲在课桌下,地震过后在老师指挥下转移到室外。

5. 在学校怎样避震

● 不要向教室外面跑,应迅速用书包护住头部,抱头、闭眼,躲在各自的课桌下,待地震过后,在老师的指挥下向教室外面转移。

● 在操场室外时,可原地不动蹲下,双手保护头部。注意避开高大建筑物或危险物。

● 千万不要回到教室去。

6. 在野外和海边怎样避震

● 在野外:要避开山脚、陡崖和陡峭的山坡,以防山崩、泥石流滑坡等。

●在海边：要尽快向远离海岸线的地方转移，以避免地震可能产生的海啸的袭击。

地震灾害自救互救防疫

7. 在公共场所怎样避震

● 就地蹲下或趴在排椅下,避开吊灯、电扇等悬挂物,保护好头部。

● 千万不要慌乱拥向出口,避开人流的拥挤,避免被挤到墙或栅栏处。

● 在商场、书店、展览馆、地铁等处应选择结实的柜台或柱子边,以及内墙角等处就地蹲下,远离玻璃橱窗、柜台或其他危险物品旁边。

● 在行驶的电(汽)车内要抓牢扶手,降低重心,躲在座位附近。

8. 特殊情况下的求生要点

● 遇到火灾时:趴在地上用湿毛巾捂住口鼻。待摇晃停止后向安全地方转移。转移时要弯腰或匍匐、逆风而行。

• 燃气泄漏时：同火灾时一样，遇到有毒气体泄漏时，要用湿布捂住口鼻，逆风逃离，注意不要使用明火。

（二）做好家庭防震准备

1. 制定家庭防震计划

• 须根据政府或有关部门的防震要求，准备食品和饮料。

• 查找家中在地震时可能造成破坏或伤害的隐患。如家具倾倒、物品掉落伤人；易燃易爆物品容易引发火灾和危害；住房的抗震能力是检查的重点，估计地震时可能造成的破坏程度。

• 针对上述可能在地震时造成灾害的部位，制定出解决办法，消除不利于防震的隐患，并根据政府和有关部门的防震要求制定应急避震措施，包括：避震方式，是否疏散及怎样疏散，室内避震还是室外避震，震后家人联络团聚等。

2. 检查和加固住房

房屋的抗震性能如何,主要从以下几个方面判定:

● 场地与地基。坚实均匀、开阔平坦的基岩有利于抗震。松软土质、淤泥、人工填土、古河道、旧池塘等地基易变形,高耸的山包、陡峭的山坡、半挖半填的地基等不利于抗震。

● 房屋结构。造型简单、规则、对称、整体性强、重心低,有利于抗震;相反地,则在地震时容易损坏或倒塌。

● 住房质量、新旧与损坏程度关系密切。承重墙体是整个房屋的骨架,要作为重点进行检查,看骨架是否坚实,有无裂缝、疏松、倾斜,木柱有无腐蚀、虫蛀等现象。

● 根据住房损坏情况,可分别采用加拉杆,在墙外加支柱或附墙,修补更换腐蚀、破损的支柱,加扒钉、垫板、斜撑等办法,增强屋顶的稳定性和屋顶与墙体联结的牢固性。

● 屋顶的烟囱、高门脸、女儿墙、阳台、雨篷、高背瓦等是最容易受到破坏的部位,用处不大的可拆除,必要时应采取加固或降低其高度。

3. 了解住房的环境

所谓住房环境,是指地震时,你的住房周围有没有容易倒塌的建(构)筑物,或者你的住房是否地处岸边、陡坎或不稳定的边坡地带,因为这些地方在地震时容易发生滑坡、泥石流、滚石等次生灾害。

　　●高楼、高烟囱、水塔、大型广告牌下的房屋,震时极易被坠落物体砸伤。

　　●处在高压输电线、变压器等危险物下的房屋,震时电器容易短路,电线震断落地,容易引起火灾。

　　●危险品生产的工厂或仓库附近,震时易引起爆炸或有毒气体泄漏。

　　●陡峭的山崖下,不稳定的山坡,发生泥石流的冲沟口,不稳定的河、湖岸边,都属危险地段。

　　4. 合理放置家具、物品

　　●清理杂物,让门口、楼道畅通。

● 阳台护墙要清理,花盆杂物拿下来。

● 把屋顶、墙上悬挂的物品取下或固定牢,使其不倾倒;家具顶部不要堆放重物,家具物品摆放做到"重在下、轻在上";在玻璃门、窗上粘贴防震胶带。

● 床的位置要避开外墙、窗口、房梁,选择室内坚固的内墙边安放;床的上方,不要悬挂金属和玻璃制品及其他重物;床和写字台等坚固、低矮的家具下面是避震的好空间,不要堆放杂物。

● 放置好家中的危险品,包括:易燃品(煤油、汽油、酒精、油漆等),易爆物品(煤气罐、氧气包、氧气瓶等),有毒物品(杀虫剂、农药等),这些物品极易引起地震次生灾害的发生,要妥善存放,做到防撞击、破碎、翻倒、泄漏、燃烧和爆炸。

5. 准备好必要的防震物品

• 把牢固的家具下面腾空,以备地震时藏身。

• 准备一个家庭防震包,放在便于取到处,包括:水、食品、衣物、毛毯、塑料布、药品、电筒、干电池等,把这些东西集中放在"家庭防震包"或轻巧的小提箱里。个人必备的物品:电筒、衣物、塑料餐具、饮用水等,集中放在自用的防震包里。

6. 进行一次家庭防震演练

• 一分钟紧急避险。假设地震突然发生,在家里怎样避震?设定地震发生时全家人在干什么? 地震强度可设为一次破坏性地震;避震方式:是室内避震,还是室外避震? 根据每人平时正常生

活环境,确定避震位置和方式。

●演习结束后计算一下时间,
是否达到紧急避震的时间要求,总
结经验,修改行动方案后再做
演练。

●震后紧急撤离。假设地震
停止后,如何从家中撤离到安全地
段,撤离时要带上防震包,青年人
负责照顾老年人和孩子,要注意关
上水、电、气和熄灭炉火。

●紧急救护演习。掌握
伤口消毒、止血、包扎等知
识,学习人工呼吸等急救技
术,了解骨折等受伤肢体的
固定,以及某些特殊伤员的
运送、护理方法。

(三)做好学校防震准备

1. 从本班防震准备开始

桌椅摆放与窗户、外墙保持一定距离,以免外墙倒塌伤人,留
出一定通道,便于紧急撤离,年小体弱、有残疾的同学安排在方便
避震或能迅速撤离的方位;加固课桌、讲台,便于藏身避震;检查和
加固教室的悬挂物;门窗玻璃贴上防震胶带,防止玻璃震碎伤人。

2. 举办学校防震演练

在熟悉学校周围地形、环境基础上,可进行防震演练活动,包
括:室内一分钟紧急避震,震后迅速撤离教室的疏散演习,自救、互

救练习等。演练活动时间要短,疏散、撤离要快,才能达到避震效果好的要求。

• 正在上课时,要在教师指挥下迅速抱头、闭眼、躲在各自的课桌下。

• 在操场或室外时,可原地不动蹲下,双手保护头部。注意避开高大建筑物或危险物。

• 不要回到教室去。

• 震后应当有组织地撤离。

• 必要时应在室外上课。

(四)在野外怎样避震

(1)避开山边的危险环境,避开山脚、陡崖,以防山崩、滚石、泥石流等。

(2)避开陡峭的山坡、山崖,以防地裂、滑坡等。

(3)躲避山崩、滑坡、泥石流,遇到山崩、滑坡,要向垂直于滚石前进的方向跑,切不可顺着滚石方向往山下跑;也可躲在结实的障碍物下,或蹲在地沟、坎下;特别要保护好头部。

（五）在户外怎样避震

（1）就地选择开阔地避震

● 蹲或趴下，以免摔倒。

● 不要乱跑，避开人多的地方。

● 用书包等保护头部。

● 不要随便返回室内。

（2）避开高大建筑物或构筑物

● 楼房，特别是有玻璃幕墙的建筑。

● 过街桥、立交桥上下。

● 高烟囱、水塔下。

（3）避开危险物、高耸或悬挂物

● 变压器、电线杆、路灯等。

● 广告牌、吊车等。

（4）避开其他危险场所

●狭窄的街道。

●危旧房屋，危墙。

● 女儿墙、高门脸、雨篷下。

●砖瓦、木料等物的堆放处。

（六）在公共场所怎样避震

听从现场工作人员的指挥，不要慌乱，不要拥向出口，要避开人流，避免被挤到墙壁或栅栏处。

在影剧院、体育馆等处：

地震灾害自救互救防疫

- 就地蹲下或趴在排椅下。
- 注意避开吊灯、电扇等悬挂物。

- 用书包等保护头部。
- 等地震过去后,听从工作人员指挥,有组织地撤离。

在商场、书店、展览馆、地铁等处:

- 选择结实的柜台、商品(如低矮家具等)或柱子边,以及内墙角等处就地蹲下,用手或其他东西护头。
- 避开玻璃门窗、玻璃橱窗或柜台。
- 避开高大不稳或摆放重物、易碎品的货架。
- 避开广告牌、吊灯等高耸的悬挂物。

在行驶的电(汽)车内:

- 抓牢扶手,以免摔倒或碰伤。

- 降低重心,躲在座位附近。
- 地震过去后再下车。

二、自救与互救

（一）震后抢险救灾

● 指挥部发出命令。

抗震救灾指挥部

● 迅速恢复与外界的通讯联系。

- 实行交通管制,清理路障。

- 迅速排除险情。

- 恢复医院功能或建立新的医疗救护点。
- 迅速有效地组织抢救被埋人员。
- 加强社会治安。

(二)在灾后特殊环境下怎样生活

- 注意饮食和个人卫生。

● 搭建和居住防震棚要注意防火。

● 积极投入恢复重建工作。

● 按规定服用预防药物,增强身体抵抗力,防疫灭病。

（三）如果被压怎么办

地震后,余震还会不断发生,你的环境还可能进一步恶化,你要尽量改善自己所处的环境,稳定下来,设法脱险。

● 设法避开身体上方不结实的倒塌物、悬挂物或其他危险物。

● 搬开身边可移动的碎砖瓦等杂物,扩大活动空间(注意,搬不动时千万不要勉强,防止周围杂物进一步倒塌)。

● 设法用砖石、木棍等支撑残垣断壁,以防余震时再被埋压。

● 不要随便动用室内设施,包括电源、水源等,也不要使用明火。

● 闻到煤气及有毒异味或灰尘太大时,设法用湿衣物捂住口鼻。

● 不要乱叫,保持体力,用敲击声求救。

（四）积极参加互救活动

1. 救人方法

● 挖掘被埋压人员应保护支撑物,以防进一步倒塌伤人。

●使伤者先暴露头部,清除其口鼻内异物,保持呼吸畅通,如有窒息,立即进行人工呼吸。

●被压者不能自行爬出时,不可生拉硬扯,以免造成进一步受伤,脊椎损伤者,搬运时,应用门板或硬担架。

●当发现一时无法救出的存活者,应做好标记,以待救援。

2. 救人原则

●先救近,后救远。

●先救易,后救难。

●先救青壮年和医务人员,以增加帮手。

（五）地震时遇到特殊危险怎么办

1. 燃气泄漏时

●用湿毛巾捂住口、鼻,千万不要使用明火,地震停止后设法转移。

2. 遇到火灾时

● 趴在地上,用湿毛巾捂住口、鼻。地震停止后向安全地方转移,要匍匐、逆风而进。

3. 毒气泄漏时

● 遇到化工厂着火,毒气泄漏,不要向顺风方向跑,要尽量绕到上风方向去,并尽量用湿毛巾捂住口、鼻。

4. 应注意避开的危险场所

● 生产危险品的工厂。

● 危险品,易燃、易爆品仓库等。

(六)自救与互救

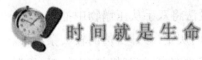

破坏性地震发生后,被埋压人员能否得到迅速、及时抢救,对于减少震灾死亡意义重大。

从唐山大地震统计资料得知:地震后半小时内救出的被埋压

人员生存率可达95%，24小时内救活率为81%，48小时内救活率为53%，由此可见，地震后及时组织自救、互救是非常重要的，对埋压者来说，时间就是生命。

被埋压时不要大声呼救，要保存体力，可以用其他方法通知外面。

1. 自救

自救是指被压埋人员尽可能地利用自己所处环境，创造条件及时排除险情，保存生命，等待救援。

地震时，如被埋压在废墟下，周围又是一片漆黑，只有极小的空间，你一定不要惊慌，要沉着，树立生存的信心，相信会有人来救你，要千方百计保护自己。

地震后，往往还有多次余震发生，处境可能继续恶化。为了免遭新的伤害，要克服恐惧心理，坚定生存信念，稳定情绪，尽量改善自己所处环境，设法脱险。此时，如果防震包在身旁，将会为你脱险起很大作用。如一时不能脱险，不要勉强行动，应做到：

● 首先要保障呼吸畅通。设法将双手从压塌物中抽出来，清除头部、胸前的杂物和口鼻附近的灰土，移开身边的较大杂物，以免再次被砸伤和倒塌建筑物的灰尘窒息；闻到煤气、毒气时，用湿衣服等物捂住口、鼻。

● 不要使用明火（以防有易燃气体引爆），尽量避免不安全因素。

• 避开身体上方不结实的倒塌物和其他容易引起掉落的物体;扩大和稳定生存空间,用砖块、木棍等支撑残垣断壁,以防余震发生后,环境进一步恶化。

• 设法脱离险境。如果找不到脱离险境的通道,尽量保存体力,用石块敲击能发出声响的物体,向外发出呼救信号,不要哭喊、急躁和盲目行动,这样会大量消耗精力和体力,尽可能控制自己的情绪或闭目休息,等待救援人员到来。如果受伤,要设法包扎,避免流血过多。

• 维持生命。如果被埋在废墟下的时间比较长,救援人员未到,或者没有听到呼救信号,就要想办法维持自己的生命,防震包的水和食品一定要节约,尽量寻找食品和饮用水,必要时自己的尿液也能起到解渴作用。

2. 互救

互救是指灾区幸免于难的人员对亲人、邻里和一切被埋压人员的救助。

震后,因为被埋压的时间越短,被救者的存活率越高。外界救灾队伍不可能立即赶到救灾现场,在这种情况下,为使更多被埋压在废墟下的人员获得宝贵的生命,灾区群众积极投入互救,是减轻人员伤亡最及时、最有效的办法,也体现了"救人于危难之中"的崇高美德。因此在外援队伍到来之前,家庭和邻里之间应当主动组织起来,开展积极的互救活动。救助工作的原则是:

• 根据"先易后难"的原则,应当先抢救建筑物边沿瓦砾中的幸存者和那些容易获救的幸存者。

• 先救青年人和轻伤者,后救其他人员。

• 先抢救近处的埋压者,后救较远的人员。

• 先抢救医院、学校、旅馆等"人员密集"的地方。

抢救出来的轻伤幸存者，可以迅速充实扩大互救队伍，更合理地展开救助活动。

简单包扎外伤，设法保存体力，维持生命。

合理科学的救助方法可以更多更好地救出被埋压人员，因此掌握一定的技巧和要领是保持救助成果的必要条件。

救助被埋压人员要注意如下几点要领：

被埋后，要注意保护好眼睛！

• 注意搜听被埋压人员的呼喊、呻吟或敲击的声音。

• 根据房屋结构，先确定被埋人员位置，再行抢救，不要破坏了埋压人员所处空间周围的支撑条件，引起新的垮塌，使埋压人员再次遇险。

先让获救者的头暴露到新鲜空气中。

• 抢救被埋人员时，不可用利器刨挖，首先应使其头部暴露，尽快与埋压人员的封闭空间沟通，使新鲜空气流入，挖扒中如尘土太大应喷水降尘，以免埋压者窒息，迅速清除口鼻内尘土,再行抢救。

●对于埋在废墟中时间较长的幸存者,首先应输送饮料和食品,然后边挖边支撑,注意保护幸存者的眼睛,不要让强光刺激。

●对于颈椎和腰椎受伤人员,切忌生拉硬拽,要在暴露其全身后慢慢移出,用硬木板担架送到医疗点。

●一息尚存的危重伤员,应尽可能在现场进行急救,然后迅速送往医疗点或医院。

●在救人过程中千万要讲究科学,对于埋压过久者,不应暴露眼部和过急进食,对于脊柱受伤者要专门处理,以免造成高位截瘫。

(七)救助技术

1. 救助技术

现场救护是门学问, 千万要讲究科学

灾情现场救护

地震灾害现场的救护是一项专门学问。为了有效达到救助生命的目的,必须学习和掌握有关救护知识。

2. 只有一位救护员的搬运方法

(1)扶行法:适合那些没有骨折,伤势不重,能自己行走、神志清醒的伤病员。

扶行法

（2）背负法：适用于老幼、体轻、神志清醒的伤病员。如有上、下肢及脊柱骨折不能用此法。

背负法

（3）爬行法:适用于狭窄空间或浓烟的环境下。

爬行法

（4）抱持法:适于年幼或体轻、无骨折且伤势不重的伤员。

抱持法

如有脊柱或大腿骨折禁用此法。

3. 两位救护员的搬运方法

（1）轿杠式：适用于神志清醒的伤员。

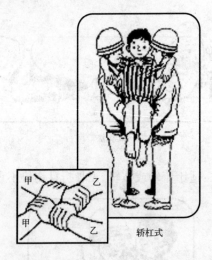

轿杠式

（2）双人拉车式：适用于意识不清的伤员。

双人拉车式

4. 三人或四人搬运方法

三人或四人适用于平托法搬运,主要用于有脊柱骨折的伤员。

(1) 三人异侧运送

三人异侧运送

(2) 四人异侧运送

四人异侧运送

三、地震发生后的紧急卫生防疫知识

地震可使幸存居民瞬间失去衣、食、住等起码的物质生活条件,水井(水管)、厨房、浴池、厕所以及垃圾箱等生活卫生设施遭到严重破坏,停水、停电,交通阻塞,通讯中断,救援物资运入灾区困难。夏天人畜尸体会很快腐烂,下水系统破坏;污水、粪便、垃圾无人管理,形成大量传染源,蚊蝇密度很快增大。水源、空气污染严重。居民离开住所大量流动,露宿或住临时防震棚、帐篷等,夏季棚内炎热,蚊蝇很多,容易传染疾病;冬季棚内寒冷,容易发生感冒和冻伤,也易引起火灾,造成烧伤。由于人口密集,卫生条件极差,容易寄生虱子。灾区居民精神上受到打击,正常生活规律被打乱,机体抵抗力下降。这些条件极有利于传染病的发生和流行,所以历史上有"大震之后必有大疫"的说法。要防止传染病的发生,就一定要把抗震救灾卫生防疫工作抓好。我国唐山地区地震造成的破坏和损失在历史上是罕见的,但是,由于做好了抗震救灾卫生防疫工作,不仅没有发生大疫,而且使主要传染病的发病率比常年大幅度降低。

(一)寻找水源,检验水质,进行饮用水消毒

强烈地震后,城市自来水系统遭到严重破坏,供水中断,城乡水井井壁坍塌,井管断裂或错开、淤沙,地表水受粪便、污水以及腐烂尸体严重污染,供水极为困难,有时不得不饮用河水、塘水、沟水和地下积水、游泳池水以及雨水。能否解决群众供水问题是关系震后能否控制大疫的一个关键问题。解决供水问题首先要找到水

源;其次是进行水质检验,确定能否饮用;第三是对不适饮用的水进行洁治;第四是采用合适的供水方式。

1. 寻找水源

根据震前了解的当地水源分布,并通过现场调查,寻找水量充分、水质良好、便于保护的水源,如清洁的河水、湖水、塘水、泉水、井水。震后一切水源都可能受污染,因此对所有水源都要重新检验,确定可否饮用。选定的水源要加强防护,清除周围 50 米以内的厕所、粪坑、垃圾堆以及尸体等污染源,建立水源保护制度,设岗哨看管,防止坏人破坏。

2. 对浑浊或不符合饮用卫生标准的水,要先净化后消毒

浑水澄清法:用明矾、硫酸铝、硫酸铁或聚合氯化铝作混凝剂,适量加入浑水中,用棍棒搅动,待出现絮状物后静置沉淀,水即澄清。没有上述混凝剂时,可就地取材,把仙人掌、仙人球、量天尺、木芙蓉、锦葵、马齿苋、刺蓬或榆树、木棉树皮捣烂加入浑水中,也有助凝作用。

饮水消毒法:煮沸消毒效果可靠,方法简便易行,但至少须煮沸 20 分钟以上。也可用漂白粉、漂白粉精等氯素制剂消毒饮用水。按水的污染程度,每升水加 1—3 毫克氯,15—30 分钟后即可饮用。为验证氯素消毒效果,加氯 30 分钟后应做水中剩余氯测定,一般每升水中还剩有 0.3 毫克氯时,才能认为消毒效果可靠。个人饮水每升加净水锭 2 片或 2% 碘酒 5 滴,振摇 2 分钟,放置 10 分钟即可饮用。

3. 供水方式

按每人每日应急用水 5—6 升计算,一辆运水车每日可供 3 千人用水。用运水车供水时,要设专人负责,将漂白粉加入水箱内进行消毒。降雨时,可用盆、雨布、塑料布等接水,澄清后加漂白粉消

毒。贮水可用缸、罐或水泥槽。对洗澡、洗衣用水,可在地上挖坑,里面垫塑料布,留小口加盖贮水。

4. 建立水源卫生保护和饮用水消毒制度

水井要建井台、挖排水沟,由专人管理周围清洁卫生。取水要用公用水桶。禁止在井旁洗脏物和喂饮牲畜。由防疫人员定时消毒。为保护水源,应当做到:水源尽量避开排污工厂;不能在水源边修建厕所、猪牛羊圈,也不能堆放垃圾;生活污水不要直接排入水源,要经过无害化处理;把水源分成三段,上段作为人的饮用水,中段作为人的洗用水,下段作为牲畜饮用水;对湖、塘、堰的水源,要筑起井或沙滤围堤,使饮用水得到过滤澄清;一切洗涮活动都要做到不污染水源。

积极修复自来水系统和水井,必要时打临时浅水井。

(二)搞好饮食卫生,防止食物中毒

震后初期饮食业和家庭的厨具、餐具以及主、副食品被压埋在废墟中,灾民主要靠救济食品生活。饮食卫生工作的重点是做好救灾食品的卫生监督,对挖掘出的食品进行鉴定,确定能否食用。

1. 派专人对救灾食品的贮存、运输和分发进行卫生监督

救灾食品不得与汽油、杀虫剂、毒鼠剂以及其他毒物一起贮存,不得用同一车辆运输。食品仓库和堆放食品的地点要干燥、通风、清洁。发放食品时要派卫生防疫人员把关,对生霉、腐败、浸水和被污染的食品以及膨胀、漏气与严重锈蚀的罐头,禁止发放食用。

2. 对挖掘出的食品进行检验和质量鉴定

对从冷冻库内挖出的肉类食品要进行卫生检验,明显腐败变质者要深埋,轻度腐败者可用于炼工业油;未腐败者经高温处理可

供食用。对砸死的牲畜除经兽医人员检验确定可食者外,一律作深埋处理。

3. 恢复工作的食堂要保证清洁卫生

饭店要有防蝇设备,要保证供应的食品清洁卫生,要创造条件对食具做到用后洗净、消毒。饭菜要烧熟煮透,现做现吃。严禁出售腐败变质食物和病死的禽、畜肉。饮食服务人员身体要健康,至少无传染病。

4. 加强饮食卫生知识的宣传教育

要求人人不喝未经消毒的生水,不吃腐败变质和不洁食物。

(三)大力杀灭蚊蝇

震后由于厕所、粪池被震坏,下水管道断裂,污水溢出以及大量尸体腐烂等,可能形成大量蚊蝇孳生地,在短时间内繁殖大批蚊蝇,威胁群众安全,必须采取一切有效措施,大力杀灭蚊蝇。

1. 震后灭蚊蝇的主要方法

(1)飞机喷药杀灭。用飞机进行超低容量喷洒杀虫剂灭虫,具有高效、速效、面广、费用低等优点,是大面积杀灭蚊蝇的理想方法。当飞机高度为 20 米,速度为 44 米/秒,在无风或微风的气象条件下喷药,每小时喷雾面积为 1.4 万—1.9 万亩。用马拉硫磷、杀螟松、辛硫磷、害虫敌乳剂或原油,每亩喷洒 5000 毫升,杀蚊蝇效果可达 90% 以上。但飞机喷洒杀虫剂受气象、地面建筑物及植被等条件限制,而且只能喷到地物表面,对室内、倒塌建筑物的空隙以及地下道内的蚊蝇则喷洒不到。同时有大量药物在到达地面前就随风飘逸,起不到杀虫作用。因此,对飞机喷洒不到的地方和气象条件不适用时,必须依靠地面喷洒。

(2)地面喷药杀灭。对面积较大的居民点、坍塌的建筑物、厕所、粪堆、污水坑、垃圾堆以及挖掘、掩埋尸体现场等处,可用东方红8型喷雾机。该机水平射程无风时为10米,1级风时为150米,每小时喷洒面积为300亩。把它固定在卡车上沿路喷洒,每天可喷洒70—80公里,居民简易防震棚内、外都可喷到。对分散的居民点室内和面积较小道路狭窄的地点,以及山坡、滩头等机动车辆难以到达的地方,可用手动压缩式喷雾器、静电喷雾器以及小型手提喷雾器。

(3)用烟剂熏杀。对室内、地窖、地下道等空气流动较慢的地方和喷雾器喷洒不到的地方,可用敌百虫、西维因、速灭威等烟剂熏杀蚊蝇。也可用野生植物熏杀。

2.灭蚊蝇的组织实施原则

(1)专业队伍与群众相结合:震后早期大规模的消灭蚊蝇往往由外援的专业队伍负责,但也可组织群众中的骨干分子和学生协助。在当地卫生防疫机构和群众卫生组织恢复工作后,清除蚊蝇孳生地以及经常性的灭蚊蝇工作必须在当地卫生机构领导下依靠群众进行。

(2)飞机喷洒与地面喷洒结合:飞机喷洒会留有死角地区,而且只适用于大面积突击性杀灭蚊蝇。因此,必须与地面喷洒紧密结合,才能使灭蚊蝇工作保持经常,巩固效果。

(3)灭蚊蝇与消灭蚊蝇孳生地结合:消灭蚊蝇如果忽视控制和消除蚊蝇孳生条件,不仅不能巩固成果,当蚊蝇繁殖速度超过杀灭速度时,蚊蝇密度仍会升高。因此,对大的或一时无力清除的孳生地,要定期喷洒杀虫剂进行控制;对不能清除的孳生地,要定期喷洒杀虫剂进行控制;对能清除的孳生地,要发动群众彻底清除。

(4)普遍喷洒与重点喷洒结合:蚊蝇密度高,分布面积广时,应普遍喷洒杀虫剂。蚊蝇密度较小时,应重点控制水塘、污水沟、厕所、垃圾堆等蚊蝇孳生和栖息场所。

（5）多种杀虫剂混合使用或交叉使用,以防止蚊蝇产生耐药性,降低杀灭效果。

(四)做好尸体挖掘、搬运和掩埋中的卫生防护

地震后,曝露散布的人畜尸体很快腐烂,散发尸臭,污染环境,对灾区人民的身心健康是一种严重威胁。处理尸体是抗震救灾的当务之急。为保障处理尸体工作的安全,必须做好卫生防护工作。

尸体挖埋作业小组要配备消毒人员。消毒人员要紧跟作业人员边挖边喷洒高浓度漂白粉、三合二乳剂或除臭剂。将尸体移开后,对现场要再次喷洒除臭。要将尸体用衣服、被褥包严,装塑料袋内将口扎紧,防止尸臭逸散,并尽快装车运走。要先在运尸车厢板垫一层砂土,或垫塑料布,防止尸液污染车厢。要有计划地选择远离(5 公里)城镇和水源的地点深埋 1.5 米。在农村,要使用指定的牛车、架子车等。挖掘、搬运和掩埋尸体作业人员,要合理分组,采取多组轮换作业,防止过度疲劳,缩短接触尸臭时间。尸体挖埋作业人员要戴防毒口罩,穿工作服,扎橡皮围裙,戴厚橡皮手套,穿高腰胶靴,扎紧裤脚、袖口,防止吸入尸臭中毒和尸液刺激损伤皮肤。挖埋尸体人员作业完毕,先在距生活区 50 米左右的消毒站脱下工作服、围裙和胶靴,由消毒人员消毒除臭,把橡皮手套放入消毒缸内浸泡消毒。双手用 3% 的来苏液浸泡消毒,再用酒精棉球擦手,最后用清水肥皂洗净,有条件时淋浴或擦澡。进宿舍后换穿清洁衣服。运尸车和挖埋尸体工具,要停放在消毒站,由消毒人员用高浓度漂白粉精、三合二乳剂或除臭剂消毒除臭。要把开水送到作业人员口中,防止污染饮用水和水碗。挖埋作业人员应在特设的临时食堂就餐。

（五）搞好临时环境卫生

1. 修建应急公共厕所

在灾民聚集点，选择合适地点，合理布局，因地制宜，就地取材，搭建应急临时厕所，要求做到粪池不渗漏（或用陶缸、塑料桶等作为粪池）、坑深（1.5 米深）、窄口（150 厘米宽）、加盖，四周挖排水沟，外围草帘。厕墙和顶可用草席、塑料膜、编织袋布或其他材料。有条件时可使用商品化的救灾临时厕所，该厕所为折叠式钢架结构，粪便用塑料袋收集，造价低，易运输，适用于灾区现场。厕所与住房应保持 75 米—100 米以上的距离。

尽量利用现有的储粪设施来储存粪便，如无储粪设施，可将粪便与泥土混合后泥封堆存，或用塑料膜覆盖，四周挖排水沟以防雨水浸泡、冲刷。

在应急情况下，于适宜地稍高地点，可挖一圆形土坑，用防水塑料膜作为衬里，把薄膜向坑沿延伸 20 厘米，用土压住，粪便倒入池内储存，加盖密封，发酵处理。

在特殊困难情况下，为保护饮用水源，可采用较大容积的塑料桶、木桶等容器收集粪便，装满后加盖，送至指定地点暂存，过后运出处理。有条件时用机动粪车及时运走。

集中治疗的传染病人粪便必须用专用容器收集，然后做特殊消毒处理。散居病人的粪便采用以下方法处理：粪便与漂白粉的比例为 5:1，充分搅拌后，集中掩埋。粪便内加入等量的石灰粉，搅拌后再集中掩埋。

2. 其他措施

建临时垃圾坑及污水坑。要定期喷洒杀虫剂。发动群众建立震区卫生公约并自觉遵守。地震灾区的每一位公民，在抗震救灾期间,都应力求保持乐观向上的情绪,注意身体健康,加强身体锻炼。保持良好的卫生习惯。应根据气候的变化随时增减衣服,注意防寒保暖,预防感冒、气管炎、流行性感冒等呼吸道传染疾病。老人和儿童要特别注意防止肺炎。冬季应注意头部和手、脚的保暖,防止冻疮。

(六)搞好个人卫生

1. 个人卫生

个人卫生工作对于灾区整体的卫生情况影响相当大,如果个人卫生工作没有认真完成,不但会使个人健康受损,更容易造成疫病的流行。因此,为了维护个人的身体清洁以及体能状况的良好,必须注意以下几点:

饭前、便后一定要洗手,洗手时以流动的水源为佳,如果没有香皂或洗手液,可用细石粒、黏土或燃烧完全的木灰烬涂抹清洗。

至少以冷水作全身清洗或淋浴。

如果没有牙膏,可以在一升的水中加入两茶匙的盐,以此所制成的盐水来漱洗口腔。

尽可能地修剪长发,以避免在无水清洗的状况下,造成头虱或是霉菌感染。

指甲与趾甲应该修剪干净,避免藏污纳垢,造成饮食感染。

尽量保持充足睡眠,调适生理与心理机能状态,以获得最佳的体能进行家园重建。

2. 衣物卫生

震灾之后,衣服的外表会黏附许多灰尘、化学物质、细菌、小昆虫,甚至吸收大量的湿气,而体表的汗液、油脂也会沾到衣服的内层,造成人体的不适,因此要注意以下几点:

衣服在穿着上应该轻便舒适,并着重清爽或保暖的功能,避免受到天气酷热或严寒之伤害。

内衣必须每天换洗,如果可能的话,应浸泡于95℃的热水中一段时间,再以干净冷水冲洗、晾干。

袜子应该每天换洗,并保持干燥;如果患有脚气(足癣),可以将冲洗后的袜子浸泡于3.5%甲醛(福尔马林)液中,避免感染他人。

(七)做好可能发生的疫情的预防与治疗

1. 怎样预防和治疗病毒性感冒

病毒性感冒即上呼吸道感染,又简称上感,是由多种病毒引起的常见呼吸道传染病。诱因有受寒、淋雨、过度疲劳、营养不良等。患者的鼻涕、唾液、痰液含有病毒,通过打喷嚏、咳嗽、说话将病毒散播入空气中,感染他人。健康人也可由于接触患者的毛巾、脸盆或餐具等感染病毒而得病。感冒主要表现为打喷嚏、鼻塞、流鼻涕、咽干、咽痛、咳嗽、声音嘶哑等症状。全身表现有头痛、浑身酸痛、疲乏无力、食欲不振,或不发热,或低热,或高热、畏寒等症状。病程一般为3天—7天。

感冒发热患者需卧床休息,注意保暖,减少活动。住处要经常通风,保持一定温度和湿度。多饮开水,吃清淡和稀软的食物。

发热较高时可用冷水擦身或温水擦身,水温以32℃—34℃为宜,或用30%—50%酒精擦拭颈部、胸部、腋部、腋窝、腹股沟等处,或头枕冰袋。

治疗方法如下:

西药:速效感冒胶囊1—2粒,每日3次;克感敏1片,每日3次。两种药任选一种。

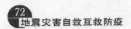

中成药:银翘解毒丸(片)、桑菊感冒片、感冒清、感冒退热冲剂、板蓝根冲剂、强力银翘片等适宜于风热,即发热、咽喉肿痛、流黄涕较突出类型的感冒。桑姜感冒片、参苏丸、感冒通等适宜于风寒感冒,即恶寒、鼻塞、清涕较突出的感冒。

其他治法:

(1)食醋加适量开水点鼻。

(2)针刺及刮痧:可以针刺合谷、曲池、太阳,发热者加刺大椎,咽喉肿痛时可在少商穴放血;或用一碎碗片,用光滑边缘蘸油少许,沿颈椎两旁向下刮,以刮出红点为度。

(3)生姜1两,红糖1两,煎汤分3次内服,可治风寒感冒。

(4)葱白1两,切烂,用手揉搓,放鼻孔外闻气味,可治风寒感冒鼻塞。可用葱白数根,捣烂出汁,滴入鼻孔,每日1次,每次2滴—3滴。

(5)生姜少许,葱白260克,白萝卜1000克切片,放入锅内煎煮熬汤,连吃带喝。

(6)姜2片,加入一小撮茶叶,咀嚼后温水送下。

2. 如何防治昆虫叮咬

很多疾病是由蚊虫叮咬引起的,因此防止病媒昆虫叮咬,预防虫媒传染病,提高群众的自我保护意识和个人防护措施十分重要。

如果可能,在蚊虫通常叮人的时间,即黄昏后黎明前不要外出。夜间外出要穿长袖衫和长裤,不要穿对蚊子有诱惑性的深色衣服,也不要穿凉鞋。

如果可能接触蜱、螨,则应将长裤塞进袜子里,有条件时应穿长筒靴。

选择适合的驱避剂涂抹暴露的皮肤,但必须按照厂家注明的注意事项施用,特别是对幼儿。

驱避剂也可喷洒在衣服、鞋、帐篷、蚊帐和其他物品上。

住地门窗要安装纱窗。如无纱窗,则夜间应关上门窗。

如果蚊虫可能进入住宅,则应在床上设置蚊帐,蚊帐边缘压在床垫下,并确保蚊帐无破口,帐内无蚊虫。若用二氯苯醚菊酯或溴氰菊酯浸渍蚊帐,则防蚊效果更佳。

夜间在寝室内使用灭蚊喷雾器或放有杀虫片的灭蚊器,或点燃盘式蚊香。

3. 霍乱的防治

霍乱是由霍乱弧菌引起的急性肠道传染病,发病急、传播快、波及面广、危害严重。我国传染病防治法中将其列为应实施"强制管理"的甲类传染病。震后要特别防治此种疾病。

霍乱是经口感染的肠道传染病,常经水、食物、生活接触和苍蝇等而传播。经水传播是最主要的传播途径,历次较广泛的流行或暴发多与水体被污染有关。经水传播的特点是常呈现暴发,病人多沿被污染的水体分布。

重症霍乱病人的主要临床表现为剧烈腹泻、呕吐、脱水、循环系统衰竭及代谢性酸中毒等。如抢救不及时或不得当,可于发病后数小时至十多个小时内死亡。

主要防治措施为:消灭苍蝇及其孳生地;对水井进行清理、修复和消毒;饮用水塘水的地区要实行缸水消毒,要喝开水,不喝生水;加强食品卫生管理,在灾害当年和次年间不搞婚丧嫁娶的宴会。

4. 细菌性痢疾的防治

细菌性痢疾又称志贺菌病,是由志贺菌属引起的一种肠道传染性腹泻。

典型的急性细菌性痢疾的主要特征是起病急,发热、腹痛、脓

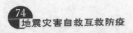

血便,并有中度全身中毒症状。腹泻呈1日十多次或更多。

重症患者伴有惊厥、头痛、全身肌肉酸痛,也可引起脱水和电解质紊乱。

非典型的急性细菌性痢疾以婴儿多见。多无全身中毒症状,不发热或低热。腹痛较轻,腹泻呈一日3—5次。粪便成水样或稀糊状,含少量黏液,但无脓血。左下腹可有压痛。食欲减退,并伴有恶心、呕吐。

急性中毒性菌痢起病急、发展快,体温可达40℃以上。小儿患者早期出现烦躁、慌恐和惊厥等。少数患儿可表现抑郁,如嗜睡、精神萎靡、昏迷或半昏迷等,数小时内可发生休克或呼吸衰竭。小儿主要表现为高热、惊厥,而发病初期肠道症状不明显。成人患者主要表现为脓血便频繁,循环系统症状明显。

急性细菌性痢疾如治疗不彻底,或迁延未愈,或开始症状较轻而逐渐发展起来,且病情迁延达两个月以上,则可转为慢性细菌性痢疾。

地震灾害使得人们的生活环境变坏,特别是水源受到严重污染,饮食卫生条件恶化及居住条件较差,因此感染志贺菌的可能性大大增加,灾后局部发生细菌性痢疾暴发的可能性很大,要提高警惕和加强防治。

细菌性痢疾的主要防治措施有:政府行为方面,要搞好食品卫生,保证饮水卫生,作好疫情报告。出现疫情后,立即找出并控制传染源,禁止患者或带菌者从事餐饮业和保育工作,限制大型聚餐活动。

个人卫生方面,喝开水不喝生水,最好使用压水井水,用消毒过的水洗瓜果蔬菜和碗筷及漱口;饭前便后要洗手,不要随地大便;吃熟食不吃凉拌菜,剩饭菜要加热后吃;做到生熟分开,防止苍蝇叮爬食物;最好不要参加大型聚餐活动,如婚丧娶嫁等;得病后要及时就医治疗。

(八)做好防暑、防寒工作

炎热夏季要在防震棚上遮阴,加强棚内空气对流,中午在防震棚周围洒水降温等,预防中暑。严寒冬季要在进出口搭建挡风墙,在防震棚的四壁涂泥,防止透风。棚内要搭安全坚固的取暖设施,防止发生感冒和冻伤。

(九)建立疫情报告制度

震区防疫机构要与居委会密切配合,组成疫情报告网,发动群众有病自报互报。各医疗站要开展巡回医疗,可组成三人小组(其中一人负责治疗和发现新病人,同时进行口头卫生宣传;一人携带喷雾器,边走边喷洒杀虫剂;一人为居民消毒饮用水),走棚串户,以便及早发现传染病人,及时隔离治疗。

四、摆脱地震心理阴影

（一）克服地震恐惧心理

发生强烈地震之后,许多灾民都产生了巨大的恐惧感,许多人甚至因感受到了地震波而产生恐惧感,有的不敢回家睡觉,有的因此食欲下降,给工作和生活带来较大影响。这时我们需要用一些方法来排解内心的恐惧。

第一,我们要对地震等自然灾害有一个科学的认识,不能将一种自然现象过分恐怖化。在面对这样的自然灾害时,我们要冷静和理智。

第二,与亲朋好友多沟通,大胆说出你的恐惧,让情绪得到合理的宣泄。要坦然面对和承认自己的心理感受,不必刻意强迫自己抵制或否认在面对灾害和突发事件时产生的害怕、担忧、惊慌和无助等心理体验,尽量保持平和的心态。切不可以烟酒来排遣压力,更不可有发怒等不良情绪出现。

第三,多同其他居民、救援队进行语言和情感的交流,交流时要保持乐观积极的情绪,公开讨论内心感受,多沟通,多聊天,互相支持和安慰,以帮助自己在心理上（认知上和感情上）消化创伤体验,把个体的紧张情绪消融于集体的团结互助的氛围中。

第四,如果已经产生了恐惧的心理,可以试着坐在一张舒适的沙发或椅子上,播放舒缓的轻音乐,此时冥想碧蓝的大海、辽阔的星空,或者是静谧的森林,让整个身心放松。

第五,在掌握了让身心放松的方法后,还可以尝试系统脱敏治疗,即把恐惧的东西或者和恐惧有关的事情列出来,然后主动去接触它们。先从恐惧程度小的开始,然后再慢慢把程度加大,从而使自己的心情慢慢放松,克服恐惧情绪,直到不恐惧为止。如果恐惧心理较为严重,则需前往医院寻求心理医生的帮助。

(二)缓解地震后的紧张心情

在度过地震发生后最初的惊慌,多数人能够平静下来。但也有一些人由于心理过度紧张而影响了正常的工作生活。这时用说出紧张情绪、保证睡眠等方法,可以有效缓解地震后的紧张心理。

缓解紧张心理的方法:一是把情绪说出来,不要隐藏内心的感觉,试着与家人或朋友沟通,让他们了解自己的感受,这样可以缓解焦虑的情绪。二是保证充足睡眠,尽量让自己的生活作息恢复正常。如果失眠,可以用舒缓的音乐让自己平静下来,或者在医生的指导下,借助药物进入梦乡。三是善于运用激情宣泄技术。激情宣泄技术是指以宣泄性高声喊叫释放情绪而对异常心理活动产生影响,从而使生理活动在新的状态下获得平衡的应急心理治疗技术。激情宣泄技术可以迅速改善心理受到强烈打击而出现一些躯体障碍症状,使人的心理压力迅速降低,减轻甚至消除其躯体障碍症状,积极有效地投入救灾或配合救灾的工作之中,最大限度地降低灾害的损失。四是灵活运用放松训练法。放松训练法是指采用放松行为产生一种对抗自律神经兴奋的躯体反应。人在紧张的情绪下容易产生自律神经的反应,包括肌肉紧张、心跳加快、四肢发冷、呼吸加快等,而放松训练所产生的躯体反应,诸如减轻肌肉紧张、减慢呼吸节律和心率使双手温暖等,则有助于心态的放松,焦虑的减轻。通常有4种放松训练法:渐进性肌肉松弛法(使每组肌肉交替紧张与松弛)、腹式呼吸法、注意集中训练法(集中精力想象一个美丽的场景)和行为放松训练法(使身体各部位尽可能地放松)。

最后,如果这些方法都不能减轻紧张的情绪,在较长时间内仍有烦躁、抑郁等情况出现,则应该及时向专业的心理医生或心理工作者求助。

(三)是否需要求助医生

在地震之后,许多灾民都呈现不同程度的心理问题,这时如果出现四大警讯,应该立即求医。

(1)自行决定是否求医:因为余震不断发生而恐惧地震,但尚可正常起居饮食、工作。

立即求医:恐惧到整天精神恍惚,失去判断力,有危险也不会逃避,连过马路也不看车。

(2)自行决定是否求医:偶尔出现神经紧张、失眠,身体处于警戒状态。

立即求医:紧张到天天无法睡眠,又吃不下饭,体力一直衰退。

(3)自行决定是否求医:地震后不久偶尔想到那些可怕的画面会很难过,但不看见的时候,心情便好一点,胃口较差但还能吃得下东西,偶有一两晚睡不着觉。

立即求医:天天做噩梦并常常痛苦地回忆起那些恐怖的场面,导致什么事情都做不成,严重影响日常生活。

(4)自行决定是否求医:想到地震中死去的人十分难过,但不妨碍生活和工作。

立即求医:因家人在地震中罹难而出现强烈的自我责备罪恶感,甚至有自杀的念头。

第三部分　地震求生实例

一、压埋较轻者应设法自救脱险

在废墟下压埋较轻的人,凭借自己的力量和智慧完全可以自救脱险。这些人不但为自己争得了生存,而且可以立即抢救亲人和邻居,成为灾区现场最早的救灾力量之一,对减少人员伤亡起到了巨大的作用。下面这些实例,都选自唐山大地震幸存者的口述,具有重要的参考价值。

(一)夫妻共奋,免遭厄运

袁某,离休干部,原在唐山路北区科委工作;住路南区斜阳街,焦顶平房,十一度区。

地震发生之前的头天晚上,天热得躺在床上难以入睡,过了午夜,才慢慢地睡着。正在酣睡之时,忽然传来异响,我爱人一辘轳翻身坐起,扭身拉了我一把,我醒来睁眼看时,一道弧光射来,随着咔嚓一声,就觉着大地上下颠动,然后轰轰隆隆地晃悠起来。是地震! 我一侧身,与我爱人抱在一起,还未来得及躲避,房顶就落了下来,像是什么庞然大物将床猛摁了一下,同时砖头瓦块劈头盖脸地砸上身来,把我们埋在了床上。过了一段时间,我从麻木中清醒过来,此时周围死一样地寂静。不一会儿,忽然听到一声喊叫,是西邻曹家二女儿在喊她爸爸,我们顿觉清醒,一股求生的欲望把我带回了现实,我本能地呼救了两声,无人答话;我爱人挣扎了几下,也无济于事。这时我告诉爱人不要再挣扎了,就开始寻觅自救脱险的门路。

经过仔细搜寻,我的头上好像东西不多,左胳膊压在我爱人身下,右胳膊虽露在外面,手却包在被子里。当时我想,如果手能活动,就可以想办法出去。我问爱人:"你能不能拱拱身子,好把我的手抽出来?"她点点头,困难地正正身子,猛地一拱,抬了抬上身,我顺势一抽,由于空间有限,胳膊回不过弯来,只抽出半截。她第二次憋足了劲,又一次狠命往上一挺,我的手终于全抽出来了。我用另一只手试着一点一点地清理砖头杂物,身体也慢慢地能活动了。后来我用长虫脱皮的办法,一节捅一节,把身上的东西大的塞到身下,小的推移到身后,负荷减轻了,呼吸也痛快了,上半身也就松动开了,我双手往后一支,上身一挺,哗啦一声,我居然坐了起来,接着两手又狠命地往上一撑,屁股一退,硬是把双腿从半人深的碎砖堆中抽了出来。虽然脚上蹭掉了一层皮,但我终于脱险了。

爱人仍被压埋着,我开始解救她。清理了她上半身的埋压物,过了一段时间,她也能坐起来了,呼吸也畅通了,但下半身仍压得很重,一时半会还很难救出来。这时我和她商量:"你已经没有危险了,先慢慢自己扒,我去看看孩子们!"得到她的同意后,我就去逐个救孩子。大儿子被埋压得也很重。我先找到了他的头部,待清理了他头部的埋压物,呼吸没有问题了后,我又去扒救我的女儿和小儿子。过了一段时间,救出他们之后,又将我的老伴和大儿子全部救出来,全家无一震亡。我如果不采取这些办法,我的女儿和小儿子也许就会被这场大地震夺去生命。

(二)一人跑出,全家得救

秦某,唐山钢铁公司工作;震前住在缸窑公社下屯秦庄北街28号,住平房,十度区。

震前我家住的四间平房是刚刚盖起的新房,石头墙,焦子顶,

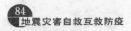

水泥檩。全家共六口人,地震时我被惊醒,当时我反应很快,迅速从窗户跳出,我爱人也想随着外逃。然而仅仅几秒钟之差,房子就倒了,她被压在墙角。这时大女儿也被砸在炕沿下,住在西屋的三个儿子,大儿子想往外跑没有成功,跳窗时被水泥檩砸伤腰部,另外两个儿子还平躺在炕上,身上也压着水泥檩,所幸的是下面有掉下的碎石架着,所以砸的力量不太大,当时尽管没有生命危险,可是靠自己的力量又没法出来。

　　我第一个从屋中跑出,免遭埋压,争取到抢救家人的机会。但这五口人中该先救谁呢? 我想在这千钧一发的紧要关头,救人的先后顺序非常重要,必须先救容易救的,把压埋较重,但对生命没威胁的放在后面,这样安排可节省很多时间。我爱人砸埋在墙角,由于房倒后在墙角处形成一个小三角空间,起到保护作用,掉下的焦子片已破碎,比较好搬,很快我就将她拉出来。这时大女儿喊叫得很急,但我从她呼喊的声音分析她压得并不重,只是因惊慌而喊叫。我问清她的情况,证明我的判断是正确的。我又看了看压在她上面的焦子顶很沉,我一个人也抬不动,于是先从上面挖开一个小洞,让空气可以透进去,估计较长时间内不会有危险,然后我就告诉她自救办法,让她安静等待,便急忙去救大儿子。压埋大儿子的水泥檩很沉,我搬不动,只好找根小棍一点一点往上撬,撬一点垫上一块石头,檩条逐渐抬高,大儿子终于被救出来了。大儿子没伤着,他的得救立即增加了救助力量。我们三人合力掀起压在大女儿身上的焦子顶,大女儿也被救出。最后我们四个人又一起抢救另外两个孩子,由于人多力量大,很容易便将沉重的檩条抬起,两个儿子也钻了出来。我们全家互救仅用了一个小时,最终安全脱险。回忆起这紧张珍贵的一小时,真是感慨万千呀!

(三)移枕扩隙,掏洞钻出

钱某,唐山钢厂工作;原住路南区兴旺街41号,家住平房,十一度区。

我家住三间平房,房屋为砖石墙,焦子顶,墙内无柱。我和爱人、小儿子住东屋,父母亲和女儿住西屋。地震时三间平房全倒了,全家人都被压埋在炕上,我和爱人被檩木和焦子顶压埋,小儿子被窗户的棱木卡住脖子,我的父母和女儿身上也压着檩条,这情况都是后来知道的。当时由于我被侧身压住,周围没空地,全身哪也不能动,根本听不到家人的声音,估计他们也压得不轻。父母年迈,孩子尚小,没人救他们,恐怕他们是无能为力了。我想一家人都在等着我呀,心里真是万分焦急。正在我无计可施时,发觉头下有个枕头,我就慢慢一点一点地活动头部将枕头向外挪,后来枕头终于掉了下去,有了空隙,可以抽出一只手来,我就用这只手向上抠,一点一点地清除压埋物。抠着抠着,我感到有些凉快了,原来是露天了,我一鼓作气顺着裂缝继续抠,掏成一个洞,就从洞里挤了出去。出来后,我又接着挖,扩大了洞门,将爱人也拉出来了。再想救儿子,可是找不到儿子埋在哪儿。为了争取时间,我们便先去西屋扒救父母和女儿,我们用石块砸碎大块焦片,将父母拉出来,因为屋顶将炕砸塌,我女儿钻到炕洞中没压着,所以她也很快跟着钻了出来。我们又回到东屋找儿子,由于听不到声音,只好盲目寻找。后来从南墙靠窗处掏了一个洞,才发现儿子在这里。但由于棱木紧卡脖子,儿子早已憋死了。

(四)力折钢丝,床下逃生

王某,唐山机车车辆厂工人。

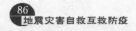

地震前我正生病,在南厂医院住院治疗。1976 年 7 月 28 日地震时,病房倒得很快,当我被震醒后,已被砸埋在病床上了,幸好病床是钢丝床弹性较大,中间凹下去,这样我才没有被砸成重伤,但也不能动弹了。虽然呼吸还不成问题,可是也不能总这么待下去呀。这时我听听外面,没有什么动静,估计短时间内不会来人救我,因为这里是医院,不是家属区,人又多,所以还得自己想想办法。看来上面压得很实,无法出去,床下倒很安全,我考虑了片刻,认为从边上是无法下床的,想来想去只有折断钢丝,从床上漏下去这一条路了。为了活命,再难也得干。于是我先开始活动双手,可是说起来容易做起来难呀,四面堆满了废墟瓦砾,当时一点空隙都没有,费了很大的劲,才将双手伸到背后。那时候一来有病,身体很弱,二来那种姿势又用不上劲,真是困难到家了,但这是唯一的办法了,不拼命就会送命。于是我竭尽全力用手指一根根地折钢丝,手疼、流血什么也顾不得了,终于几根钢丝断了,我从床上漏了下去,然后我从床下寻找着空隙钻了出去。

(五)镇定生智,顺光掘洞

王某,唐山钢研所工作;原住路南区福宁街 35 号,住平房,十一度区。

地震时,我被惊醒,立即下地向外跑,但这时已上下颠簸得很厉害,根本跑不动。刚跑几步,房子就倒了,我被砸在地上,呈下蹲的姿势埋在砖石焦片中。因为处在屋子当中,旁边又无支撑物,落下的房檩和焦片砸到我的头上,当时我就昏了过去。过了一会儿,我苏醒过来,就不顾一切地高喊救命,但没有人来救我,看来我的声音他们根本听不到。由于连砸带喊,我感到十分疲倦和难受。心想乱喊是不起作用了,不能再叫了,还是先静一静,休息一会儿再拿主意吧。说来也怪,这一休息我才发现原来自己并未压着,还可以活动活动。刚才很可能是把我砸蒙了,现在头脑清醒了,我便积极地想办法。我先是盲目地在碎石上爬,黑洞洞的什么也看不见。我爬着摸着,突然发现一丝光线,是外面天亮了,光线透进来,这一下可给我带来希望,我兴奋地爬到有缝的地方,用双手拼命掏挖,无意间竟在乱石中摸到一把凿子。这下可好了,有了工具,掏洞的速度大大地加快,当裂缝足够大时,我便自己钻了出来并立刻抢救家人和邻居。

(六)垒砖支物,拱开屋顶

马某,唐山机车车辆厂计量工;震前住刘屯,住房为自建的平房,十一度区。

当我知道是地震时,已经晃得非常厉害了,我家的房子很快地倒塌了。我还没来得及躲避就被埋在废墟下面,身旁全是砖头瓦块,身上压着沉重的焦顶。我试着活动几下,感到压得还不太实,上面埋压的东西没有继续下沉,我想还有摆脱险境的可能,应当马上试着自己出去。我便根据当时情况边摸索、边琢磨自救的方法。当时只有顶起压在上面的屋顶,才会有出去的通道。于是我先把堆在头前和上半身的砖石拣到一起,上身逐渐可以活动了,然后把拣在一起的砖石垒起来,支撑住上面的屋顶。当时,我为了活命,特别是想到孩子还埋在下面等我去救时,也不知哪来那么大的劲头,竟用脊背顶起屋顶,顶起一点,就垫上一块砖。慢慢地在瓦砾中出现了一条缝隙,当空隙足可使我钻出时,我便立即爬了出来,急忙去寻找孩子。喊了一阵,也听不到孩子答应,后来,我就趴下,从缝中细听,这才听到孩子的呼救声。找到孩子的位置后,我就用双手挖刨,终于把孩子救了出来。

二、暂时不能脱险者应设法延缓生命

震后如发现自己不能脱险时,应采取延缓生存时间的自救措施。地震引起房屋倒塌时,空气中漂浮着大量灰尘,因此,首先要防止呼吸道被尘埃堵塞;其次,决定生死的首要条件是有无空气,所以不要乱喊叫,要尽量节省氧气,保存体力;再次,要冷静观察自身所处的环境,努力创造供生存的安全空间和易于被外面人发现的条件。

(一)自救无效,呼喊待救

吕某,唐山市地震局工作;震前住的是红砖结构平房,三角木架屋顶,十一度区。

地震发生前的 1976 年 7 月 27 日晚上,我刚从外地出差回来,由于天气闷热,身体劳累,11 点就上床休息,头脑里一点地震将要发生的意识都没有。我睡得特别沉。当地面上下颠动时,我和爱人几乎同时被惊醒,我们都坐了起来。只见室内特别亮,开始还以为是日光灯开着(后来回忆可能是地光吧)。这时,房屋摇晃得特别厉害,坐都坐不住,脑子刚反应出是地震了,住室就被晃倒,并伴有倒房的杂乱声响。我们住的这一排平房近于南北向,整个向偏西方向倒塌,我们两口和周围邻居全部被砸埋。后来回忆起来,从被地震惊醒到房屋倒塌,只不过四五秒钟。

我被压埋后,身体感到压力很大,埋压物非常密实,整个身体包括四肢都不能活动,灰尘很多,呼吸困难。开始我想用手扒扒,由于手边正好是蚊帐,一点也动不了,而且越扒灰土越多,呛得更加难受。不能扒怎么办呢？我和爱人商量后，就一起用力向上拱，我喊着"一二"，共同用力，只拱了两三次，因我的力气大，压埋物的力量向她倾斜，她更受不住了，看来这种自救尝试无效而有害。

正在这时，我们听到了西面的近邻有了动静，说话声听得很清楚。我大声呼喊"老袁!"，他答应了，并且告诉我，他自己还没完全脱险，等他扒出全家四口人后，马上扒救我们。在等待扒救期间，为了延缓生命，保存体力，我们没有再采取自救行动，大约过了一小时左右，老袁和其他三个邻居找到了我们的埋压位置，开始扒挖。他们是从上面扒的，整个一面墙压在我们身上，但砖墙倒塌后，比较松散。过了二十几分钟，我们夫妻俩都被救出来。我身上砸了几处轻伤，爱人扒出后已不省人事，被人背到了院内大树下。邻居们又去扒救别人，不能再照顾我们，我带着伤给爱人做了简单的人工呼吸，主要是活动活动她的四肢。十几分钟后，她睁开了眼睛，有了呼吸，吐了两口带血丝和灰尘的痰，才幸免一死。

爱人脱险后，我也参加了扒救尚被埋压的其他邻居的工作。大约在震后四个小时，居住在我们这一排平房的活着的人都被抢救出来。这一排共住九户人家，42 口人，有三四个是通过自己的努力从废墟中自救出来的。随后，这些脱险的人从自家人开始抢救，先近后远，向邻居各家延伸，并且自动形成了人员不等的救助群体，不断扩大救助力量。除 4 人因震时受砸严重，扒出时已经死亡外，共救活了 38 人，占总人数的 90% 以上。

（二）断壁抽砖，击石传声

张某，唐山市供电局职工，震前为下乡知识青年；家住西山路开滦楼，十一度区。

开滦楼共三层，楼板为整体结构，我家住在二层，位于楼房

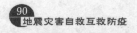

边缘。

1976年7月27日晚,天气闷热,我因等大弟弟下夜班,睡得很晚。剧烈的振动将我惊醒,只见外面一片雪亮,墙已裂开,在亮光的照映下,参差不齐的砖缝一开一合,房屋摇摇欲坠,十分可怕。我意识到这是地震,顺势向床下滚。这时楼倒屋塌,楼板掉下,我被压在里面,呈半跪半趴的姿势,趴在床边,不能活动,黑暗中闷得实在难忍。我用一只手乱摸,发现屋顶紧挨着头,四周全是砖,衣服还在床上,床当中已砸穿。时间一分一分地过去,我呼吸越来越急促,但死也不是那么容易的,只要我还有一口气,我就要争取为自己创造生存的条件。于是我顺手一块一块地从断壁上抽砖,盼望外面能进点儿空气。绝望中,一丝凉风吹了进来,啊,原来是从我刚刚抽下的一块砖缝处进来了空气,我使劲吸了一口气,顿觉轻松了很多。空气和光线给我带来了生的希望,我想再活几天是没问题的。只片刻,我缓过气来,也能说话了,就和隔壁的母亲搭话。又不知过了多长时间,原住在一起的邻居和姐姐前来扒救我们。我听到有人来,拼命喊但无效,因地上的家具全堆在我的外面。结果反而又把自己弄得筋疲力尽,连喊的力气也没有了。外面的人不能确定我的位置,扒救无从下手。姐姐急得在外面喊话,并教我拿东西敲打,我听到她的声音很清楚,就按她说的去做,在里面用力敲,这个办法果然管用,人们听到敲击声,顺声向里挖,挖了约两米深,我见到了亮光,终于和外面挖通了。人们把我拉出去,我已不会走路了。

从扒救我的过程看,埋压较深的人,呼喊不起作用,用敲击的方法,声音可以传到外面,这也是压埋人员示意位置的一种方法。

(三)死亡线上,险越鬼门

高某,唐山冶金矿山机械厂工人;震前住西窑高各庄村54号,砖石结构的焦顶平房，十度区。

震时，我被轰轰的地声惊醒，当我意识到是地震时，房屋已倒，我被砸在炕上，昏死过去。好像睡了一觉似的，我忽然听到扒人的声音和乱喊乱叫声。但我不能动，感到呼吸也短促，我喊了几声，外面根本没听到。我想，外面这么乱，我即使再大声喊也无济于事，反而消耗了我的体力，等人们扒完别人，一定会寻找我的。我耐心地等待着，缓慢地呼吸，很快使自己的心情平静下来。大约过了半小时，上面扒人的声音消失了，他们没有发现我，又到北院去救别人。等把北院的活人和死人都扒完后，又返回来。这时我已感到很难受了，压在里面，脑子里浮现出前半生的往事，感到死神即将来临，我在一分一秒地向死神逼近，我觉得好像脑浆子要流出来似的。但我一想，果真脑浆子出来了，我不会这样清醒，这其实是缺氧的症状。于是我更加放慢了呼吸的速度，尽量延缓生存时间，并安慰自己，人们一定会找到我的，我能多坚持一秒，就多一分活的希望，这时我才真正体会到时间就是生命。尽管如此，我也很难坚持下去，觉得胸口上像有一堆沙子，出气的时候，沙子向下落，吸气的时候，沙子却不能起来一点。就这样，一下不如一下，但我仍拼命坚持。到最后，终于感觉就要与世长辞了，很想蹬腿，大脑虽拼命控制，可无论如何也控制不住，可以说，这就是人们平时所说的最后挣扎吧，我可亲身体会到死前是个什么滋味了。开始蹬腿后全身骨头节发酸，但大脑多少还能控制一点点，就在这即将进入鬼门关的时刻，哥哥和邻居们来了。他们将焦顶一块块搬开，扒去我头部及身上的碎石，把我扛到一棵小柳树下，这时天下着小雨，我慢慢地清醒过来。在埋压近5个多小时中，我出了许多汗，感到很渴，尽管非常想喝水，但我想，如果五脏坏了，喝水是很危险的，我刚从死神身边挣脱，万万再不能因一时的难受而前功尽弃。

忍住渴也不是太难的事,我接过瓶子,喝了一口,但没有咽下,在嘴里含着,待水和体温差不多时,才慢慢咽了下去。大约过了半小时,我终于能站起来了,并可以走路了。经历大难之后,我更觉生命之宝贵,我要继续走没走完的人生之路。

(四)拼命挣扎,适得其反

孟某,唐山市科委干部;震前住路南区德庆里 9 号,砖石焦顶平房,十一度区。

1976 年 7 月 27 日上午 10 点,我从无锡出差回家,晚上觉得非常闷热,就在外面乘凉,一直到 10 点半钟方才回屋。28 日凌晨 2 点多钟,听外面下起小雨,因院中杂物已收拾好,我就只管放心睡觉。熟睡中忽觉床铺上下颠起来,颠几下后,一块石头打在我的头上,我立即想到可能是地震了。同屋住的有爱人和孩子。我面朝里躺着,在翻身下床的瞬间,被仰面朝天压在床上。我呼喊爱人,没有回声。床像筛子一样来回运动,越动身上压得越实,闷得透不过气来。大震过后,我呼喊救人,无人应声,我拼命挣扎,结果适得其反,非但挣不脱,身上的东西压得更实,缝隙更少了,呼吸十分困难。两个多小时过去了,我想照此下去会活不成,于是我不再动了,也不呼喊了,我要保存体力,争取多活一段时间,相信总会有人来救的。后来我感觉到一只脚露到了外面,我就不停地摇动脚趾,以示此处有人,便于上面的人发现我。住在外屋的岳母和长子,房倒时被大衣柜和写字台挡住,形成了二尺高的空间,他们自己钻了出来,岳母由于年纪大了,将两周岁的孩子送出后,回来找不到自己家的地方,就去扒邻居,后由邻居领着岳母找回自己的家。人们发现我摇动的脚趾,知道我还活着,就立即扒救。因为南正房的碎砖及焦顶全压在我家屋上,扒救进行得很费劲,整整用了一个多小时,我才钻出废墟,爱人和次子被扒出后已没气了。

埋压的人自救的方法有两种,一是设法出去,二是保存体力,像我这样埋得较重者采取后一种方法最合适。

(五)脚动示意,目标显著

孙某,开滦房地产处干部;原住西山路 25 号,红瓦顶平房,十一度区。

我被震醒后见门窗摇晃,瞬间房屋全部倒塌,我被砸在炕上,幸亏炕上的箱子和被褥将房顶垫住,我只被滚下的砖石埋压。过一会儿,我感到脚很凉,原来外面下雨了,我的脚还露在废墟外边。

因我的手可以活动,就将嘴边的土扒开一个空间,呼吸略为畅通了,短时内不致于闷死,就耐心地等待外面的人前来救我。当听到上面有人时,我就动脚示意此处有人。人们找到了我,从脚处刨开一个洞,将我拉出。

(六)墟中伸手,抓住行人

李某,开滦公安处干部;原住林兴里 11 号,平房,十一度区。

地震时我躺在炕上未来得及躲避。最初我被甩到炕的东南角,又从东南角被甩到地下,就在这时房顶落下,我被埋压在地上。头上压着房檩,全身堆满砖石,手脚不能动弹,那姿势只能出气,不能吸气,加上里面与外隔绝,氧气有限,所以憋得难受。尽管如此,我也没有喊叫,这样不但节省氧气,而且避免消耗体力。我小心地活动双手,但仅能抽出一只,我就用这只手拼命抠房顶,终于抠透了,外面的凉风吹进来,呼吸畅通多了,并且手还可以伸到外面。外面的扒救人员在废墟上寻找埋压人时,正巧踩到我的手上,我急忙一把抓住他们。人们发现了我,从我伸手处挖,清除砖石,抬走房檩后,我便从洞中钻出来,此时已上午 10 点半了。

(七)积极自救,扩大空间

马某,马家沟矿企业管理处工作;原住马家沟矿工房,十度区。

地震后我全身被废墟掩埋,开始因为不知自己的埋压情况,不敢盲目乱动,怕越动压得越实。等一会儿后,我考虑,众多的人被埋都在等待扒救,一时半会儿不会有人来救我,在有条件的情况下,还是应主动自救,起码要保护自己,不要一心等待。我开始小心地活动肩膀,慢慢将手臂一只一只抽出。上肢可以活动了,我觉得没什么危险,胆子也大点了,就试着将周围的石块向四周空隙推移,这样扩大了我的生存空间,呼吸也畅通多了,为延长生命创造了条件。我还想再向外扩,争取出去,但无能为力了,只好等待有人来救我。待听到来人时,我就呼喊。由于开始没消耗太大的体力,喊声也较大,叫来了两个人。他们立即搬开废墟,我在下面也积极配合,把石块向外传递,我的下肢逐渐可以活动了,终于从缝隙中爬出了废墟。

我认为被埋压后,首先要积极自救,并协助扒救人员共同努力,这样不但可以延长生命,缩短扒救时间,还可多救其他埋压人员。

(八)节省氧气,保存体力

孟某,唐山矿工作;原住凤凰路,平房,十一度区。

当我知道是地震时,就往炕下跳,刚下炕房就倒了,我被埋在炕沿下,受到炕沿的保护,除腿被砸伤外,没伤着其他要害地方,而且有一只手还可以活动。因为头部周围全是灰土和砖石,我便用手在头前清理砖石,扒开灰土,以延长生存时间。然后我仔细听着上面的动静，为节省氧气，我没乱呼喊，因而保存了体力。当听到上面有人走动时，我才喊他们。终于外面的人发现了我被埋压的地方，但是由于我身边有一堵墙已被震酥，摇摇晃晃快要倒塌，人们还不敢立刻走到我跟前。他们先冒着危险清理了我头前的废墟，解决了我呼吸的问题，然后找东西先将墙垛顶住，才开始扒我，时间不长就将我救出了。

（九）清除尘土，防止窒息

王某，唐山矿工作；原住西新村东街 68 号，平房，十一度区。

我家原住的是石头墙、焦子顶平房，地震时，没晃几下就倒了，我被砸在炕上。当时炕被砸塌，我掉到炕洞里，虽然未直接砸着，但落下的檩子、碎焦顶片和灰土石头盖满了炕。真是万幸，如果不是炕塌了，我也就被砸死了。我虽还活着，但闷得相当难受，透不过气来，灰土呛得不能呼吸。根据自己的感觉，我认为过不了多久会被闷死的。幸亏我一只手可以活动，就立即把脸前的土清了清，喘气时灰就不再向口鼻里钻了。等了一会儿，外面来几个人找到了我，就将我挖出来了。

（十）保护口鼻，维持呼吸

马某，唐山矿行政科工作；原住西山路 16 号，平房，十一度区。

我家住的是平房，焦子顶。震时我睡得很实，地已大动时，我才醒，想翻身下床，已来不及了。房屋马上就倒塌下来，将我埋在床上，一米多厚的砖石和灰土覆盖在我身上，上面还压着沉重的焦子顶。当时我头脑很清醒，想活动一下看看是否可以钻出去，可稍动一下更糟了，只觉得压得更实了，连气都快喘不出来了，灰土直往口鼻里钻，要是这样下去会把我闷死的。我立刻停止挣扎，放慢呼吸,用手在嘴前挖开一个小空间,这样灰土不再继续向口鼻里钻了,虽然出不去,但可以坚持一段时间,等待救援。过了一会儿,来了四名亲属寻找我,他们喊我,由于我嘴前有个空儿,所以可以和他们答话,告诉了我埋压的位置和埋压的情况。外面的人知道我的情况后,心中有了数,很快先使我的头露出来,脱离了危险,然后再继续清除压在我身上的倒塌物,仅用了半个小时,我便得救了。

按:在压埋物主要是灰土时,稍动一下,灰土间的空隙就会减小,堵塞了空气流通的渠道,往往会造成窒息而死亡,处于这种情况,不宜盲目乱动。

(十一)撑梁垫砖,坚持待援

赵某,唐山矿地震业余测报员;原住工人新村,十一度区。

地震时我被惊醒,已来不及躲避,房倒后一根房梁落下,正好砸在我的胸口上,伤势很重,我立刻昏了过去。也不知过了多长时间,我醒了过来,这时房梁仍压在胸前,随着余震的抖动,疼痛难忍,呼吸困难。如果再这样下去,不立即采取措施就十分危险,于是我就拼尽全身之力撑起房梁,并同时将砖头垫在下面,胸前的压力减小了,虽然其他地方仍然压着不能动,但暂时不会危及生命,可以等到人来救我。我密切地注意外面的情况,听到有动静时,就大声呼喊。人们终于听到我的声音,顺声找到了我,有三个人一起来救我啦!可是房盖和房梁都非常重,根本抬不动,他们就找来木棍,几个人一起撬,慢慢撬起一条缝,空间越来越大,终于把我拽了出去。

三、因情而易,抢救压埋人员

在抢救压埋人员时,一般都按先近后远,先易后难的原则办。正确的自救互救方法是减少伤亡的重要环节。救人时应仔细寻找、准确判断压埋位置,注意观察埋压人员周围的环境,保证双方人员的安全,慎用工具,以免误伤。由于震后每个人压埋位置和姿势不尽相同,要因情而易,并充分发挥压埋人员的自救能力,从而提高救人速度。

(一)先人后己,返回救妻

张某,唐山市农机公司工作;震时住在丰润瓦房庄,房屋为砖石墙焦子顶平房,十度区。

1976 年 7 月 27 日晚,天气特别闷热,直到 12 点后我才上炕睡觉。那天晚上老鼠特别多,我家房屋的顶棚上老鼠闹了一晚上,扰得我无法入睡。隔壁邻居家的老鼠也满地跑,连人也不怕,我们只是感到很奇怪,但没有与地震联系起来。

地震发生时,我爱人陈素英正给孩子喂奶,坐在炕上,见到外面天色发红,以为要起风,没往别处想。正在这时,地开始颤动,我立即醒了,一把从爱人手中抢过孩子就向门外跑。刚跑到屋门口,房子就倒了,一根过梁正好砸在孩子身上。我的右手和胳膊在孩子身下压着,爱人的手捂在孩子脸上。因过梁正压在她手上,孩子当时就死了,我用力抽出右手,但我爱人的手无论如何就是抽不出来。由于有门框和桌子,房顶及檩子未完全落地,我们砸埋的地方下面有一个小空间,我和爱人急忙蹲下,我看到北面有缝通着外边,就从缝中钻出去。由于爱人的手仍不能抽出来,我无法救她,我看她在里面暂时不会有什么危险,就抓紧时间去救别人,待救了邻居后,又叫他们与我一起救我爱人。这时人多力量大,大家一起向上撬檩子,终于将她救了出来,但她的两个手指已被砸成骨折。

(二)先易后难,小心余震

王某,开滦矿供应公司工作;原住在开滦矿务局直属二宿舍,十一度区。

震前我住在单身宿舍楼,共二层,我在一层,此楼是砖墙槽型预制板顶。1976 年 7 月 28 日凌晨 3 点 42 分,我正熟睡中强烈地震发生了。我立即下床,说是走实际是连走带甩地将我抛到了靠墙的一个桌子旁,这时楼房倒了。二层高的楼房成了仅一米高的废墟,我被压在门西边的墙角处,四周全是砖头、石块,我蜷曲着身子、低着头,头顶紧贴预制板,没有一点可移动的地方,那姿势时间一长又累又难受,碎砖石划得周身很疼。当时余震不止,砖石继续倒塌,我只觉得越压越实,头上的预制板东高西低,成 40 度夹角,缓慢地下滑,这对我的威胁不断增大。不过这时我很冷静,我想我住一层埋得肯定较深,虽然不知道外面的情况,估计其他人砸埋得也不会太轻。开始我只以为就我住的楼倒了,想很快会得救的。后来才知道,大批房子都倒了,短时间内不会被救出,所以我不能消极等着,等下去,不是被余震砸死,就是闷死,这时我应该先自己救自己。第一步先要排除目前的危险。我摸黑把周围的砖石清理到左侧桌子下面,空间大点了,左手也可以活动了。经过约 15 分钟的处理,我有了一个小小的活动空间,我又把捡起的石块垒成石垛和小墙,顶住了摇摇欲坠的预制板,这样安全多了,在这里待上一段时间不会发生危险。当晚较强余震发生时证明,我垒的小墙起到了很好的支撑作用。

震后住在本宿舍的人们自动组成了自救互救队伍。由于我埋得太深，人们找不到。后被救出的人告诉他们我还活着，大家就一起来救我，可仍无从下手，刨了半天也不管用，因为当时时间紧迫，不少人还在等待救援，不能为我一人耽误了时间。本着先易后难的原则，人们离开我先救容易救的，最后大家再次集中到我这里。大家首先研究挖的方法，第一次先从我西边屋东墙根向北掘洞，但由于无工具，打到墙根后无法前进，这个方法失败了。第二次从我住室东侧掘洞，先由一个人钻到洞内往外掏，洞逐渐延伸，再进一人交替向外割石块，最后由八个井下工人互相轮换，打了一个宽40厘米，高45厘米的洞，在洞内用小支柱支撑，类似井下巷道，到达我跟前时，洞长达5.5米。为了安全，我每抽出一块石头，都要摸一下周围砖石，怕由于松动引起楼板下滑，伤了扒救我的人。随着石头的减少，我可以活动了，人们把我拉出去，这时我才知道已经过了19个小时了。

（三）耐心沉着，终免截肢

李某，唐山工程技术学院教师；原住矿院南新楼，十一度区。

我是唐山矿院教师，我爱人是唐山煤矿医学院医生。家有两个孩子，大的7岁，小的1岁。地震那年，我们住在本校一所四层楼家属宿舍的一层。震前一天，我们没发现什么异常，只觉得比平时闷热，睡得较晚。当时我们是被震醒的，醒后已震得很厉害了，只听上下的门窗震得哗哗作响，声音很大。还没等我反应过来，房子就倒了。我们屋里放两个床，我睡在单人床上，爱人和孩子睡在双人床上，掉下的预制板折断，两头顶在残墙上，折断处砸在双人床上，当我明白过来后，才知我已移到双人床上，具体如何过来的，至今也弄不清。床未坏,我们四个人埋在三角空间中,我和两个孩子未被压住,爱人左脚被压住三分之二造成骨折。过了四五十分钟,听到外面有嘈杂声、呼救声。我们喊,外边可能也听不见,因为逃出去的人都即刻离开楼房,坍塌的楼很危险,漆黑一片,一般人都不敢上前救人。天亮后,从缝中射进了阳光,我们压得不太实,呼吸没什么困难。我试着活动,扒开砖石,约11点钟,终于钻出去了。然后我打了一条通道,叫来一个人,又将孩子救出来。但爱人的脚就是拉不出来,大家非常着急。由于里面空间非常小,人们也进不去,这时已经又过了一天,人们商量是否截肢,说这样可以保全性命。但是我爱人不同意,她认为,目前医疗条件不行,截肢出来也不一定能活,我们只好眼看着她却无能为力。最后当地驻军来了一个班的战士,找来一截绳子,绑在她的腿上,战士们在外面使劲拉,才将脚拉出,但皮肉全掉了。爱人是医生,她指点着我们为她护理受重伤的脚,我们用盐水为她消了毒,以后也没发炎,伤脚逐渐愈合。这一场灾难总算过去了。

（四）危难之时,军民情深

魏某,唐山工程技术学院教师;原住楼房,共三层,家在一层,十一度区。

震时,楼房倒塌,我还未躲就被砸倒在地,脚伸到前面桌子底下,后面的柜子挡住了较大的倒塌物,小块的顶板、空心砖、土等把我埋住,头虽紧挨着预制板,但侥幸未砸着,头和上肢还能动。但钉子刺入腿内,一块碎墙体正顶在我肚子上,非常危险。我从周围摸到一块钢板挡在肚子上,这样就较安全了。开始因压得难受我只顾拼命呼叫,后来冷静下来才知道是白喊,因为外面根本听不到,就不喊了。我儿子震时躲到箱子和茶几中,只后背砸伤一点,震后很快钻了出来。他先救了邻居四人，并与他们一起扒救许多人后，才到我和老伴埋压的地方，我们听到来人了，就拼命喊，儿子知道我还活着，但又无法扒救，他就去找当地驻军。解放军来了一个排，政委亲自指挥扒救。他们问清位置，用铁锹、镐头先从周围扒，但是不行，又改从上边挖，用了4个多小时，挖开一条缝，我只可以伸出一只手，他们就给我送进红果罐头。在短时间内我是出不去了。余震不断，我就在下面采取自我保护措施，垫上砖，以防止越压越实。解放军边扒边观察，防止废墟倒塌伤着扒救人员。大家轮流搬石头，见到我后想拉出，但腿被压着就是抽不出来，就找了个锯，锯断木头，我才出来，这时已是震后14个小时了。这时我的老伴还在里面，腿被紧压着，拉不出来。为使她尽快脱离废墟，人们曾商量给她锯腿，可谁又忍心呢，只好再想办法。人们在这小小的空间里，移动堆在一起的杂物，在摸到箱子时，发现箱盖可以拿开，终于挤出一点空隙，硬是将她两条腿拽出来。在解放军的努力下，挽救了她的性命，保全了她的下肢。

按：从这一例扒救过程看，倒塌的楼房扒救工作是相当不容易的，除考虑埋压人的安危外，余震对外面的扒救人员也有很大的危险。唐山救灾中，一些人被纵横交错的预制板再次塌落而砸埋，重的足以致死。解放军在扒救他们时由于事先注意到这一点，采取了相应的措施，不但使老两口安全地脱离了废墟，其他众多人也未出现大的事故。

（五）压埋楼底，竖井提人

崔某，唐山工程技术学院教务处工作；原住矿院南新楼，十一度区。

本楼共四层，我家住三单元一层。地震时，我正在睡梦中，楼

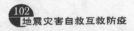

顶预制板断裂落下来,爱人和孩子当即死亡,唯我幸存,但双腿被砸成重伤。震后,我妹夫等亲属前来寻找我们,由于我住在一层,上面堆满楼板砖石,楼房面目全非,根本不可能找到我们。从我的声音他们知道我还活着,但从四周根本找不到通道可通向我埋压的地方。他们就蹬着废墟向上爬,想从上面挖竖井,但预制板很沉,又互相压着,谁也搬不动,这样人们仍无法接近我。我妹夫是司机,找来千斤顶,也无济于事,后来又去找到大锤、尖镐,用这些工具砸碎砖石,一点点向下掏,掏了约一层楼深才把我找到。他们撬开压在我腿上的预制板,用绳子吊着将我背出来,我因腿被砸伤而被送往外地治疗。我出来时已是震后 15 个小时,救出我之后20 分钟左右,余震又发生了,如果这时我还未出来,肯定会被砸死在里面。而且连救我的人也会遭到不幸。

看来打竖井是挖救埋在楼房底基幸存者的--个办法,但必须注意双方人员的安全。

(六)负荷过重,巧用炕洞

高某,唐山市 24 中教师;原住在西新村东街 50 号,十一度区。

地震时,我被惊醒,房屋已经倒塌了。我家住的是砖墙焦子顶平房,我仰卧在炕上,全身被碎砖、尘土压住,上面是竹笆和焦顶,觉得呼吸困难,如负重千斤,无力自拔,只好等来人扒救。家人脱险后,立即来救我,但由于上面的焦顶块太大,三个人也搬不动,只好从别处寻找地方。因我家住的是土炕,所以人们爬到炕沿处,凿开炕沿帮,使炕塌落,我掉到炕洞里,从炕帮破洞处爬出。

我是属于埋压较重者,但扒救人巧妙地利用了炕的特点,将我救出来。这要比从上部扒安全。充分利用地形、地物是救人的方法之一。

(七)井下经验,急用可鉴

韩某,开滦煤矿退休工人。

地震时,我住的是三层楼房的第二层。震时,楼房全部倒塌,我右腿被一条门框压住,四面是数不清的墙垛和水泥板,被埋得严严实实,风雨不透。我只感觉出气困难,却无力自救。扒救的人来到废墟前,知道我还活着,就全力抢救。由于整座楼房向北倒,南面的东西相对少些,人们就从南面扒,但楼房的结构整体性强,水泥板又重又硬,根本搬不动。参加扒救的人中有一位井下八级工,他主动担当起扒救的指挥工作。凭多年井下工作经验,他察看地形,选择方位,采取井下掘进的方法,组织参加扒救的亲友、邻居七人有计划地轮流挖,边扒边支撑,用了 6 个多小时,修了一条近 7 米长的巷道,才接近我身边。但门框紧压住我的腿,抽不出来。他们找来斧头,砍断门框,才将我拖出。

大家知道,楼房坍塌后是很难扒救的,而我又住在二层,扒救难度更大,我原以为没希望出去了,但由于大家积极组织了扒救,使我死里逃生。唐山井下工人多,所以震后无论是埋压人员还是参加扒救的人,多数采用了井下工作方法进行自救或互救,效果比较显著。

(八)多人埋压,施救有序

徐某,滦县龙坨乡新立庄农民。

震前,我住的三间平房是 1944 年盖的,墙是用石头和灰渣垒的,顶为煤焦和石灰。我和老伴住东屋,三个儿子和一个侄子住西屋。震时,房屋倒塌,但由于我跑得快,未被砸埋。大震过后,我立刻找家里人,他们一个也没有出来。二儿子被檩子压着脖子,连出

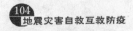

气都相当困难;侄子坐在炕上,房顶的东西压在他上面;另外两个,一个儿子在西屋西头柜根下坐着被埋,另一个儿子趴着被压;老伴压在东屋炕上,身上堆着房山墙碎砖及房顶的碎焦子。见全家五口人均被埋压,虽未砸死,但都有生命危险,我着急于扒救,但由于埋压人较多,一时不知从何处下手。我考虑了一下,认为在人单力薄的情况下,要想使全家众多人得救,只有靠方法得当。我觉得应该首先解除每个人生命的威胁,即先救命后救人。想好后我先将压在二儿子脖子上的檩搬开,使他呼吸畅通,不致憋死;再去解决第二个人的呼吸问题。依次将三个儿子和一个侄子及老伴从险境中解脱出来后,再回过头去逐个救出。救出一个,便增加一份救援力量,扒救速度越来越快,终于使他们都得以幸存。否则,单靠我一人的力量,在无工具的情况下,如不分轻重缓急,会拖延很长时间,他们几个人的性命就很难保住。

(九)情急力大,踢转支檩

王某,滦县棒子镇机修厂工作。

我家的房子是全镇唯一未倒的房屋,其结构类似古代庙宇的顶部,木头咬口,联结紧密。地震时,我很快跑出去,主动参加扒救邻居的工作。我家南院住史志阁一家七口人,共三间平房,地震时完全倒塌。除两个小姑娘跑出外,其余的均埋在里面。两个女儿先将史志阁两口子救出,我们又找到大儿子史进。当时年仅11岁的史进,震时跳窗,身子刚到窗外,房檩掉下,压在孩子的脖子上,头上满是砖石,房檩上面还有焦子顶。人们一起用力搬掉焦顶,从中抽出一根椽子,用它去撬檩子,刚刚撬起,只听"喀嚓"一声椽子断了,只见檩子快速下滑,马上要压紧孩子的脖子。在这万分危急的时刻,我将檩旁的一块连在一起的砖一脚踢到檩子下,檩子垫上了，孩子免遭了不幸。我因用力过猛，四个脚趾踢坏了，但见孩子活下来，我也顾不得痛了，又抽椽子再继续撬，终于将孩子救出。

在这里我要告诉大家，在救人时，特别是在余震频繁的情况下，要注意防止意外事故的发生，有一些人虽然未被直接砸死，但却因扒救不慎而死亡，这是很遗憾的事。

（十）循声找人，从头扒起

杨某，唐山电厂供热工程处工作。

我家邻居刘继汉一家五口人，住的是三义村工房，十度区。地震时他们一家被压在废墟下。我前去救他们，因埋压很严实，无一暴露部位，我只好在砖石乱物中寻找。过了一会儿，从缝隙中传来了其妻微弱的呼救声，我才发现了目标。我过去先安慰她几句，让她耐心等待，鼓励他们坚持下去。这时我的头脑很冷静，开始没急于动手挖，因为不清楚埋压情况，往往容易误伤。我从缝中探清他们的位置后，首先清理他们头部周围的墟土。没工具，就用双手搬开砖石、土块。刘继汉爱人的头先露出来了，然而一块门上的砖璇正扣在她的头上，她随时都有死亡的危险。我一个人搬不动，急忙找一根棍子支住，用支撑和切空的办法解除了危险。然后继续挖开埋在她身上的砖石，将其救出。然后再扒救其他人，但因埋压过重，除大孩子救活外，其余均震亡。

（十一）工具虽简，作用重大

李某，唐山钢铁公司第一冶炼厂工作；十度区。

我与张泽江为邻，原都住在路北区钢厂雷庄工房。张泽江家三口人住两间平房，是石头墙，有木质的柱子和房梁，房顶是焦子顶。震后他们一家全被埋压在炕上。我听到他们微弱的呼救声

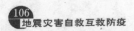

后,就跑去救他们。在乱石中我看到了张泽江弟兄二人的头部,但手头没有工具,见他们压得很危险,只好用手挖土,搬石头,抬焦顶,使他们二人得救。救出他们以后,我们三个人一起又去扒救他们的母亲。其母被房梁压着,呼吸微弱,虽头全部露在外面,但已喊不出声音。我们从乱石中无意发现了锤子和一把破锯,这在当时算是了不起的工具。我们三人轮流砸焦顶,砸碎后看见人在房檩下压着。我们就用破锯锯断房梁,把他母亲拉出来。工具虽简单,但在当时却起到了不小的作用。

(十二)暴露头部,便于呼吸

杜某,原住凤凰路 9 号;房屋为平房,十一度区。

震后我被埋在炕沿下,自己无能为力。由于受炕沿的保护,我未伤着,只是埋得太实了,不能呼吸,这样下去不用多长时间肯定会闷死。幸亏我爱人和我埋在一起,他压得轻些,手可以动。当他见我处境很危险时,急忙将我口鼻周围的尘土向边上推推,留出一个可供呼吸的小空间,使我得以喘气。我缓过气后,耐心地等待。时间不长上面来人了,并找到了我们。确定了我的头埋压的位置后,先挖开头部周围的堆压物,我露出头后,消除了闷死的危险,延长了生存时间。然后大家继续向下挖,挖出一个洞后将我抬出来而得以幸存。

震后我体会到:地震时床和炕沿下是相对比较安全的地方,埋压后应酌情而定,不要乱挣扎,首先应设法解决呼吸问题,这是自救的首要一步,否则即使没砸伤,也容易因窒息而死亡。

(十三)先排险情,再施救助

李某,电器厂工作;原住在培仁里 2 号,房屋是砖石平房,十一度区。

地震后隔壁的水泥板甩到我家,将房山墙砸倒,我身上堆满山墙的碎砖和泥土,上面还有一块大预制板,这块预制板一头落地,一头落在摞在一起的六块碎砖上,紧挨我的头部。救我的人见这块水泥板摇摇欲坠,实在太危险,但又搬不动,为解除险境,就先在下面垫几块砖,将其支稳后再从下面挖,逐渐清除了埋压物后,把我从下面拽了出来。

(十四)抛外撬内,里外呼应

张某、祖某,唐山矿工作;原住在西工人新村 5 街 11—6 号,房屋为石头墙水泥顶,十一度区。

当我们被惊醒后,还没等反应过来墙就倒了,只觉大地拼命晃动。我们侧卧在床上,水泥板落在身上,随着大地的晃动,压得越来越实。幸好头前被一木箱垫住而未砸中要害,但仍感到身上压力很大,呼吸困难。约 40 分钟后,邻居七人来救我们。人们先沿水泥板一侧刨开一点空隙,然后伸进一根木棍撬,七个人合起来一起撬,一次仅撬起几厘米。随着下面空间增大,我们也可以稍微动一动了,于是就主动配合上面的人,外面撬起一点,我们就在下面垫一块砖,大大加快了抢救的速度。到早晨 6 点多钟,我们终于从撬开的缝中钻出来了。后来部队的医务人员及时给我们治疗伤口,使我们健康地活了下来。

(十五)拉弯铁窗,破窗救人

刘某,唐山电厂供热工程处工作。

靳柱新是我的邻居,住在电厂西山工房,十度区。房屋是圆拱券砖房,共两间。外屋住三人,里屋住二人。

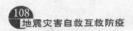

地震后我听到靳柱新的呼救声,急忙扒救,只见房顶裂开,搭在后山墙上。我站在窗口,不知当时自己怎会有那么大的力量,拉开了钉在外面的铁栏杆,打开窗户,外屋的三个人钻出来了。这时里屋一片白烟,什么也看不清,打开门后,只见老太太和小女孩被房顶压住腿和脚,烟尘呛得她们喘不过气。我搬不动房顶,扒也无处下手,只好先安慰她们几句,鼓励她们忍耐一会儿,就去找人。叫来几个人又找了工具。我们刨炕帮,刨倒了炕坯,炕塌下去,老太太可以拉出来了,但女孩的脚正卡在房盖的缺口里,仍出不来,房盖太沉。我又去找几个人,共同移动房盖,六七个人搬了两三次才将女孩的脚抽出来,此时她已不会走路,由别人背出去了。因为我及时发现他们并组织多人共同努力,使他们全家五口人较快脱离险境而得救。

(十六)扩充通道,注意支撑

高某,唐山市第二医院职工;原住胜利路,十一度区。

我的邻居张伟一家四口人,住的是穿堂式南北两面住室的大屋顶房屋。震后,我听到邻居张伟全家的呼救声,前去相救。见张伟和其长子全压在人字梁及苇箔下。张伟的腿压在方檩下,全身不能动。长子园园被椽子压着腹部,次子和女儿也被砸埋。

我先问清他们的情况,搬去上面及两侧的碎砖石及焦子片,扒开一个小洞,然后从这个小洞向外扩大,用木料和碎石作支撑,顶住洞口,防止塌落。我先平躺着把腿伸进去,头留在外边,两手向里摸,用腿把被压人身边及腿下的碎砖土一点点踢开,撕开苇箔,用手拉着张伟,将他紧贴在自己身上一点点拉出,再抬开园园腹部的椽子将他一并救出。然后寻找他的次子和女儿,找到后一摸手脉和脚脉已没有,由于外面还有许多人等待救援,按先救活人的原则,我立即又去抢救其他被埋压的人。

(十七)救人难易,分别缓急

郑某,唐山钢厂工作;原住在路北区永德里 13 号,房屋为石头墙,焦子顶,十一度区。

我家住的是三间西厢房,我和母亲、妹妹住在一起。对面屋租出,住夫妻二人带一小孩。在三间房边接出一间较矮的小屋,弟弟住在那里。

7 月 28 日凌晨 3 点多钟,我妈妈可能感觉到了一些怪异的现象,坐起来在炕上惊叫,把我吵醒。

这时只见窗外一闪一闪亮光刺眼,轰隆隆的声音响个不停,窗户上的玻璃颤动,我想一定发生了什么大事,是不是氧气站爆炸了,正在猜测中,炕颤动了,我立即明白,是地震了。母亲下地跑到中间屋。我拉了一把熟睡的妹妹,用力将她拽下炕,也向外跑。可刚跑到通向外间屋的房门处,房子倒了,老式的对开门上端互相支撑成人字形,挡住了落下的焦顶,我上身受到三角空间的保护,只下身被埋压。外间屋摆放着水缸、柜子及三辆自行车,架住了焦子顶。焦顶断裂,母亲正站在裂缝处,没砸着,很快自己走出废墟。我和母亲未被砸埋,并非方法得当,纯属巧合。

开始我只感到身体下半截压得很重,想等别人扒救。但这时见四周的房屋全部倒塌,出来的人寥寥无几。等待扒救,只能是白白消耗时间,自己应首先积极自救。我试着活动,用手搬开埋压的砖石,自己钻了出来,立即扒救家人和邻居。

妹妹被我拉下炕,正在炕沿下。强烈的振动将炕对面的柜和橱移位,距炕很近,屋顶架在了炕和柜子上。妹妹虽未砸着,但被石头和灰土埋住,上有焦顶,下有废墟,她在其中一动也不能动。

喊她,可以听到微弱的声音,看来闷得够呛。这时对面屋的邻居在大声呼喊,弟弟住的小屋完全倒平,也没有呼救的声音。在这么多人被压埋的情况下,先救谁呢?我分析几个人的埋压情况后认为:邻居呼喊声很大,证明压得不太厉害;弟弟没呼声,埋压位置不好找;所以应先救闷压较厉害的妹妹。但我一个女同志,哪有那么大的力气抬动焦顶呢?正万分焦急之时,邻院的一个小伙子和他的两个姐姐过来帮忙。我们合力抬起焦顶,妹妹露出了头,只见她嘴、鼻、耳全灌满了土,眼看就要闷死。我立即挖出她脸上堵塞的土,妹妹可以呼吸了,脱离了危险。然后我扒开她上身的砖石,使她上肢可以自由活动,我就去扒救别人。这时妹妹使劲喊叫,想让我继续扒她。我说:"光扒你,别人还活不活,你自己动手救自己吧!"说着,我立即扒救对面屋的邻居。他们先从缝中递出孩子,我妈接过来抱着,邻居小伙子的战友和我姐夫也前来相助,几个男同志联合起来,抬开焦顶,他们夫妻二人上半身可以活动,剩下的一半我也让他们自己清理砖石,我们又赶紧去救我弟弟。我们使劲呼喊,听不到弟弟的回声,扒救时,在下面听上面的声音特别清楚,而上面却很难听到埋在下面人的声音。为确定弟弟的死活及位置,我趴在焦顶裂缝处侧耳细听,终于听到弟弟的声音,大家按出声的位置,很快救他出来。弟弟被震落到炕边,炕边放一辆自行车,屋顶砸坏车子,自行车大梁砸到弟弟腰上,弟弟受了重伤。我扶着弟弟到路边,这时我才发现自己的脚早被砸伤,鲜血直流,骨头外露。再看我们住的屋子,满炕都是石头焦顶,昔日生机盎然的小院,现在早成废墟一片。如果不是我妈妈发现地震征兆而惊叫,我们三人都会被砸死在炕上。

我们发现地震后采取了避震措施,再加上偶然的机遇,我和母亲未被砸埋,由于我跑出并自救成功,又叫来了力气较大的男同志,根据埋压人的情况,采取轻重缓急的扒救方法,将埋压人一一救出。否则,不但救不了别人,连自己都不一定能活下来。

(十八)救人先后,酌情处置

任某,唐山冶金矿山机械厂工人,十一度区。

我的大姨全家四口人,住两间东厢房。他们住室面积较小,地面只有一米宽的空隙,震后房屋倒塌,全家埋在废墟下。我和另一人前去扒救。我们先拉开压在上面的木头,察看几个人的埋压情况,见二表姐埋得较轻,但我知道二表姐平时身体不好,患病,即使埋得轻,也不能支持多久。三表姐埋压厉害,生命受到威胁,但三表姐身体好,从现在的情况分析,在短时间内不会有生命危险。于是我决定采取应急扒救法,先扒救二表姐。我将二表姐头部附近的砖块搬开,使她呼吸畅通,见她暂时不会发生意外后,就急忙去解救三表姐。经过紧张的扒救,扒出三表姐,然后再去救二表姐及大姨等人,这样仅用了一个多小时,全家四口人都脱离了危险。

(十九)避实就虚,从外掘进

刘某,原住工农兵楼,十一度区。

我住的这所楼共三层,地震时楼上掉下的预制板卡在墙角,我身体被死死压住,不能动弹,无法采取自救措施,只好等待来人扒救。当四名亲属找到我时,他们见我上方预制板纵横交错,无法搬动,同时还有再塌下来的危险,人们避开预制板,从外面向里打洞,他们先找到我的脚,然后将四周支撑好,慢慢将我拉出。

(二十)审时度势,咬枕救父

董某,唐山市种子公司经理;原住在市委宿舍,房屋是砖石墙、

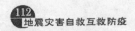

焦子顶平房,十一度区。

我外出开会,7 月 27 日晚才回到唐山,当时只感到比平常闷热,因白天劳累且又睡得晚,夜间睡得很沉。我是被轰轰的声音惊醒的,无意识地喊了一声"地震了",立即想跳下炕去,准备躲到炕沿下。但是由于当时大地上下颠簸站不起来,这个决策虽然有利避震,但为时已晚,很难办到。于是我立即决定改变方法,在炕上打个滚,顺手把老伴一并拉到中墙边,急忙往墙根靠。刚到墙根,哗啦一声,房盖震毁,中墙残留部分高出炕面约 20 厘米,焦子顶落下后搭在断墙上,和炕面形成三角空间,我和老伴的头压在这个空当中。空间非常小,我头部左边太阳穴一直压到骨头,左眼已被挤出一些,我感觉已接近头骨挤碎的边缘,头一点儿也不能动。住在西间屋的大女儿在听到地声时就下地开门,被掉下的房檩压在下面。二女儿惊呆了,立在地上,恰站在焦子顶折断处,上身无伤。她听到我的呼救声,赶来救我,扒去我们两口子身上的土石,把她母亲从三角空间拉出去,我听到向外拉时老伴头发揪断的声音。然后二女儿又来扒我,但无论如何也拽不出来。我告诉她把炕坏土切开弄倒,我可以掉到炕洞里。但天黑,又无工具,用手切不断炕面。此时我已感到头部压力越来越大,我已承受不住了,死亡即将来临。正在危急时刻,大女儿从檩下自己钻出,她把头伸到原老伴头埋压部位,用牙咬破枕套,掏出枕芯,我的头终于可以活动了。一家人齐用力才将我救出,抬到马路边。第二天转丰润医院治疗,20 天后伤愈立即回唐山参加抗震救灾工作。

震后回忆当时的情景,我总结出如下经验:我采取的第一个避震方案如果实现,我可幸存,但老伴肯定会震亡;而采取的第二种避震方法,我们两人都幸存了。看来地震时沉着冷静,就能发挥主观能动性,选择正确的避震方法,最终可以化险为夷。另外,平房炕沿下、墙根、墙角相对比其他地方安全,是应急避震的较好位置。

(二十一)挖墙掏洞,奋力救母

徐某,家庭妇女;原住南厂西工房,十一度区。

地震过后,房屋倒塌,我躺在炕上没有来得及翻身躲避,房顶就落下来了,将炕面砸塌,我恰好掉到炕洞里,面部被预制板砸伤,连牙也砸掉了。这时虽然身体不能动,可神志还很清醒,可以听到上面的声音。约8点多钟,儿子来寻找我,他大声喊,我听见了,但因闷得难受,尽管可以答应,但声音很小,儿子费了很大劲才找到我。由于房顶是预制板,上面又用钢筋水泥浇注一层,他一个人根本抬不动,于是他又绕到墙外,避开预制板,从窗户下面的墙上掏洞,很快和炕打通,再搬出砖石,将我救出。出来后人们见我脸上伤势很重,用四环素药粉撒在伤口上,也许起到些作用,以后未出现感染。

四、救援和护理

在震后自救互救过程中,细节问题不可疏忽,平时认真学习一些简单的防震、抗震及医疗救护知识很有必要,可以做到有备无患,否则将可能造成终生悔恨。

(一)不会急救,追悔莫及

齐某,唐钢钢研所离休干部;原住路北区东工房,平房,十度区。

我们全家六口人,我和爱人、两个儿子住北面一间半工房,是石头焦子顶。南面是自家盖的砖墙焦子顶小楼房,两个女儿住在里面。

地震时,我们正在熟睡,两个孩子的惊叫声把我吵醒。这时已晃得非常厉害,我清醒后,不知什么原因已经站到了屋顶上,直到今日,我也不知自己是怎样被甩上去的,家中其他五口人都被压在下面,我心中既难受又焦急,一时不知该先救谁好,说实在的,我有点惊呆了。片刻之后,我听到两个女儿的叫喊声,使我惊醒,急忙顺声向她们奔去。见箱子和自行车支住了焦子顶。焦子顶太沉,我扛不动,就从墙上抽砖,用双手挖一个洞,拉出两个女儿。然后立即救妻子和两个儿子,大儿子叫铁锁,二儿子叫双锁,我使劲叫喊,也听不到应答之声,我就先扒房屋废墟,扒了约半个小时,铁锁说话了,我发现扒的位置不对,白白浪费了一段时间,又顺铁锁的声音重扒,找到他后,他的呼吸已相当微弱,他对我说:"爸,先扒双锁吧,他不行了,我也快死了。"看着奄奄一息的铁锁,我心如刀绞,心想,应先救有声音的,帮他脱离危险。我磨破双手,用了10多分钟将铁锁扒出,如果再晚几分钟也就没希望了。紧接着又去扒妻子和双锁。他们被扒出后,已闷得窒息休克,但摸摸两人脉搏仍断续跳动,我们虽知道他们有可能救活,但不会救护,没进行人工呼吸,眼睁睁看着两人死去,我至今追悔莫及。

从我家的教训看,平时我们应学习一些简单的医疗救护常识,以备应急之用。

(二)睡眠姿势,不可小看

董某,唐山水泥厂工作。

我原住路北区。房倒时我才醒,已被埋在里面。飞扬的灰土使我不能喘气,由于我侧身躺着,灰土未直接掉到脸上,我屏住呼吸等待救援,没有使鼻口被灰堵住。过后,我就大声呼救,实际上面听不到,我反而又被灰土呛得难受。于是就不再喊了,耐心等待别人来救。约早上7点多钟,我才被受伤的爸爸和邻居救出,和我同住一屋的弟弟和我一起被埋压,但等扒出后已死,因他是向上平躺,掉下的灰土直接落到他脸上,堵住了他的口鼻,检查弟弟身上并无伤,只是口鼻出血,证明是闷压窒息而死。从我和弟弟的情况分析我认为,震时实在无时间躲避时,应采取侧身姿势,这样比平躺幸存的机会要多些,这也是一种应急措施。

(三)顾此失彼,误伤亲眷

孙某,唐山供电局工作;原住在路南区达谢庄后街40号,十一度区。

我家住的是解放前盖的两间平房,我同母亲及两个外甥睡在一个炕上。房子倒后,我们没来得及躲避而被埋压在炕上,房檩斜

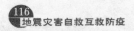

搭在倒塌的墙上,灰土飞扬,又呛又闷,喘不过气来。我大声呼救,上面无人答声,反觉得呼吸更加困难,全身疲惫不堪,体力消耗很大。后来我不乱呼叫了,注意听上面的动静,等听到有脚步声,证明有人来了,再拼命喊。外面的人终于发现了我们,急忙扒救,由于救人心切,未问清下面埋压情况,很快将我救出,然而却将我身上的埋压物堆放在母亲和两个外甥的埋压部位,增加了他们身上的重量,等再救出他们三人时,已无法抢救了。

从地震扒救过程看,开始阶段哪里有呼救声,大家就奔向哪里,但有时却没有注意到周围其他被埋压未死但不能说话的那些人。为此,救人时应将废墟瓦砾掷得远一些,以免伤着其他被埋压的人。

(四)救护不当,终成疾患

纪某,唐山工程技术学院教师;住在唐山矿冶学院宿舍南新楼,十一度区。

这栋楼房是砖墙预制板顶,共四层,我家在二层,南北两间。地震当天,我住在小房间,随着剧烈的震动,楼房坍塌,但我住的小屋跨度小,未倒,支立在废墟上。我去对面大屋叫家人,见大屋倒塌,无人回答,我估计他们震亡了,心中既恐惧,又悲伤。主震后,余震不止,为防余震,我又爬回未破坏的小屋,四周漆黑一片,找不到出路,就先到桌子下躲避。过了一段时间,我想这样待着仍很危险,应设法出去才是较安全的办法。我来到窗前,恍惚中见楼房离地面很高,胆战心惊,不敢向下跳。后找到窗外的流水道,摸着向下滑,滑动过程中,左臂划破,因划得较深,血流不止。人们见到后帮助包扎,由于无医疗知识,止血方法不对,适得其反,当医疗队发现后,为时已晚,造成左臂肌肉萎缩,终生残废。至今生活不能自理。

（五）及时止血，双腿保全

陶某，唐山市教育局干部。

张某是我的邻居，震前住在唐山二中的单身宿舍。这个宿舍共二排，房屋是预制板盖顶。震后张某被沉重的预制板压住了一条腿，无论如何也抽不出来，而且，在他头顶上还悬挂着摇摇欲坠的预制板断块，在余震中晃动，随时都有被砸死的危险。我们必须抓紧时间救他，但几个人用尽力气也搬不动预制板，便又叫来四个人，大家一块儿用力撬，最后撬起了预制板，拉出了张某。只见他腿部伤很重，血流不止，我们找来绳子，正确运用止血方法，缠住伤口，止住了血。由于处理及时得当，他保住了性命和双腿。

（六）一块木板，免于瘫痪

王某，开滦阅览室工作；原住在西山路18号，十一度区。

记得那天凌晨，天气突变，我被风声惊醒，爱人向门口跑去，刚到门口，房倒屋塌，我二人都被埋压在废墟中。我被屋内一根晒衣用的竹竿卡住脖子，出气十分困难，手又不能动，怎么办？不把这根要命的竹竿弄断，时间一长，就有生命的危险。我思考再三，在当时，只有用嘴把它咬断了。于是我偏转头，开始用牙一点点咬竹竿，这时也顾不得牙疼和口中流血，硬是将3厘米粗的竹竿咬断了，这在平时是不可想象的呀。呼吸一下畅通了。约过了半小时之后，听到上面有人喊叫，还发觉有人在我的头上走动，我急于出去，就大声喊叫，可上面根本听不到，非但不起作用，反而消耗了很大的体力，上面的浮土也越来越实。看来着急是不管用的，我还是采取静而不动的措施吧，保存体力，等待救援。坚持到9点多钟，

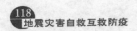

有五名邻居寻找我,他们掀起我头上大块焦子顶,清除了砖石,将我扒出。等扒出我爱人时,她已震亡了。

　　我出来后,先检查了一下伤情,觉得还有尿,但尿不出来,估计是腰伤得够呛了。我想必须自己采取护理措施。我将原床上一块长1.8米、宽0.4米的木板拆下来,放在身下,在以后抬往马路边或送文化宫的抢救棚时,我都没离开过这块木板。7月31日,我被送往外地治疗,往汽车上抬时,我让人们连木板一块抬,从文化宫到飞机场,这段路高低不平,车上伤员喊叫连天,自己由于躺在木板上,没受多大痛苦。上飞机时,工作人员不让带木板,要用担架抬,我向他们讲了病情,他们同意连木板一起抬上去。送到石家庄,也是不想带木板抬我,我仍耐心解释,人们又用这块木板把我送到石家庄市第三医院,我和医生说明是腰伤,把我安置在硬板床上,经医生诊断后,确为腰椎压缩神经骨折,但未完全断裂,这也和一路自己护理得当有关。

　　从对我的扒救到护理整个过程看,正确的护理是自救互救中减少伤亡的重要环节。如果我不采取上述措施,有造成全瘫的危险。我认为震后如果采取适当的保护措施,重伤可以转化为轻伤;反之,护理不当,也会造成终生残废。我所以能做到这一点,主要是平时看过一些医疗卫生知识的书,对简单的护理脑海中有些印象,在这次实践中得到了应用,并取得较好的效果。

策　　划:黄书元　任　超
责任编辑:任　哲
责任校对:周　昕

图书在版编目(CIP)数据

地震灾害自救　互救　防疫.－北京:人民出版社,2008.5
ISBN 978－7－01－007045－2

Ⅰ.地… Ⅱ. Ⅲ.①地震-手册 ②地震灾害-自救互救-手册
Ⅳ.P315－62

中国版本图书馆 CIP 数据核字(2008)第 068750 号

地震灾害自救　互救　防疫
DIZHEN ZAIHAI ZIJIU HUJIU FANGYI

人民出版社 出版发行
(100706　北京朝阳门内大街 166 号)

北京中科印刷有限公司印刷　新华书店经销
2008 年 5 月第 1 版　2009 年 1 月北京第 2 次印刷
开本:850 毫米×1168 毫米 1/32　印张:4
字数:80 千字　印数:50,001－53,800 册

ISBN 978－7－01－007045－2　定价:6.00 元

邮购地址 100706　北京朝阳门内大街 166 号
人民东方图书销售中心　电话 (010)65250042　65289539